天下文化
BELIEVE IN READING

守護生命的關鍵力量

醫療幕後英雄醫工師

朱乙真・黃筱珮・邵冰如——著

目錄 | *Contents*

序

為並肩負重的夥伴們加油

邱泰源．衛生福利部部長

一般人對於醫學工程師（醫工師）工作內容理解度有限，《守護生命的關鍵力量——醫療幕後英雄醫工師》一書，讓我們認識小從病床邊的一台點滴幫浦，大至最尖端的質子治療儀或重粒子放射治療儀器，每一項醫療器材的維運與研發，都是醫工人結合生物醫學與工程科技的專業，運用在臨床醫療實務上，努力提升生命健康與醫療服務品質的心血結晶。

本書以平易近人文筆，書寫醫工人特殊的工作經歷與感動故事，從一九八一年三軍總醫院成立第一個醫工室，引領台灣醫學工程進入新的里程碑後，藉由醫學工程專業技能與技術，醫工師在醫療體系中擔任軍師兼戰友的身分，除默默守護醫療儀器安全與正常運作外，也須配合醫事人員業務需求與天馬行空的想法，自主開發客製化的設施設備（例如書中提到很有創意，並且獲得國家醫療品質獎的「倒奶神器」），以因應臨床服務需求。

醫工師針對醫療業務需求與醫院現有條件，常需考量國際間不同品牌、不同性能／型號與性價比等因素，協助醫院臨床端選擇適用儀器設備。在新款儀器到院前，要完成相關訓練與更新操作知識，儀器到院後亦需持續確認機台性能正常運作，籌劃提高儀器自行維修比率，並應臨床所需，構思提升效能最大化可行性。可見醫工人除須專精醫學工程領域外，也需跨界配合經營管理業務，承攬成本分析、採購、維護、維修、改良與創新等多元角色。

醫院工作環境中充滿各種生命的拔河角力場景，當開刀房或者診療現場臨時發生儀器故障時，醫工師僅能在有限時間內，盡速解除危機，以順暢醫療流程。

二十四小時連軸轉、不間斷服務的醫療現場，讓醫工人時時刻刻都頂著壓力在工作。當台灣面臨九二一大地震、SARS疫情大爆發，席捲全球的嚴重特殊傳染性肺炎疫情、近期花蓮大地震等重大災情下，我們看到快速搭建起來的野戰醫院、貨櫃醫療屋、因應設置負壓診療室或隔離病房緊急調度的血氧機或呼吸器等醫療器材，醫工師總在第一時間擔起即刻支援任務，在幕後確保臨床服務正常運作。

還有深入偏鄉與離島或派駐海外友邦的醫工人，在衛生與醫療資源不足、現有儀器設備功能有限，甚至在異國衛生條件不佳、治安堪憂、戰爭動亂多重威脅下，秉持維護病人安全的中心價值，堅守工作崗位克盡職守，實踐書中分享的「當不成醫人的醫師，但能當醫療設備的醫師，也是在救人」的理念。

醫工師身為醫療服務體系支持後盾，卻鮮為人知，摘錄書中一段話，「醫院是管病人的生病老死，醫院的醫工師就是管儀器的生病老死」，我深知醫工師的工作任務包羅萬象，他們在幕後維穩醫療器材良好運作，以利前線的醫師與醫事人員從容應戰，擊退疫病。醫工人和醫事人員在健康醫療工作崗位上是堅實夥伴關係，彼此間密切合作是確保醫療服務高速有效運行的關鍵點，請民眾在接受醫療服務的同時，也不吝為醫工人加油打氣。

期許書裡書外的每位醫工人，不論是在醫院、學界或產業界，能跟我們並肩發揮專業識能，一起為推動健康台灣的美麗願景，持續努力前進！

序

台灣生物醫學工程的成長

Ratko Magjarević・國際生物醫學工程聯盟主席

生物醫學工程（BME）是一門跨領域的工程學科，應用來自多個科學領域的廣泛知識，包括：電子、資訊、機械、物理、化學、材料科學，再結合生理學與醫學，以提升人類健康福祉。因此，當生物醫學工程應用並融入醫療體系，伴隨而來的將是醫療活動的全面革新。

醫工師的工作成果表面上體現在醫療設備上，但無論是設備、軟體或技術，最終都是以改善病人健康與治療結果為依歸。因此，醫工師必須將「維護病人安全」與「提升醫療品質」做為核心指導原則，與醫師、護理師及醫療技術人員緊密合作，確保醫療設備的有效運作與安全使用。

如今，醫工師無疑已是醫療系統中不可或缺的一部分，他們為醫療專業人員提供技術支持，並確保每位病人都能享有最優質的醫療服務，最終恢復健康。只是，他們的努力不常被民眾知曉。因此，當我得知台灣的生物醫學工程學會邀請多位醫工師分享其工作經驗與故事並集結成書，我深感欽佩。

據我了解，本書除了收錄醫工人的故事，也提到了台灣生物醫學工程科系的茁壯成長，從醫工學會創辦人韓偉博士，到投身基層的醫工專業人員，翔實呈現台灣生物醫學工程過去五十年來的發展歷程、重要里程碑與許多鮮為人知的小故事。尤其，書中提到，台灣醫工部門從醫院裡不起眼的小單位，發展成為如今醫院、學術研究與產業中舉足輕重的專業部門。

這樣的成果有賴於每位醫工人的堅持、奉獻與對生物醫學工程的熱情。我誠摯期盼，未來會有更多無私奉獻的醫工人持續投入，注入更多創新思維與技術，繼續推動生物醫學工程的發展，惠及所有的人，造福全社會。

Preface

Growth of Biomedical Engineering in Taiwan

Professor Ratko Magjarević, President, IFMBE

Biomedical Engineering (BME) is a multidisciplinary field of engineering that applies extensive knowledge from several sciences such as electronics, informatics, mechanics, physics and chemistry, and material science to physiology and medicine aiming to improve health and wellness. When BME is utilized and integrated into the healthcare system, it penetrates in the widest and most diverse way in practically all activities. What patients see as a result of BM engineers' activities are medical devices. However, no matter what kind of medical device is developed (apparatus, software or procedures), the final goal is always its application for the benefit of the patients. Therefore, biomedical engineers work with physicians, nurses, and medical technicians to ensure the optimal and correct operation and use of medical devices. Maintaining "patient safety" and enhancing "medical quality" become the highest guiding principles of BM engineers. No doubt, the role of biomedical engineers in the healthcare system has always been to support medical professionals, physicians, nurses and medical technicians. It is a part of the mission of BM engineers to ensure that every patient who comes to the hospital for diagnosis and treatment receives the most thorough and top-quality medical service to regain their health.

I was very impressed when I learned that Taiwanese Society of Biomedical Engineering (TSBME) had invited dozens of BM engineers to share their experiences and work stories by compiling them into a book for publication. According to my understanding, this book is not just a story book, but also a collection of depictions of those who contributed to the growth of BME in Taiwan. It includes biomedical engineers from Taiwan; from Dr. Han Wei, the founder of TSBME, to base-level personnel involved in this field. It documents many important development milestones, events and short stories of biomedical engineering in Taiwan for the past 50 years. Not only does It detail the origins and status of biomedical engineering in Taiwan, but also more importantly, it allows us to see how BME grew from a small office-level unit to what it is today - a large professional division in hospitals, research and industry. Thanks to the persistence and enthusiasm to all those who participated and who made the growth of biomedical engineering possible.

I sincerely hope that more selfless biomedical engineers will have brilliant ideas for innovations now and in the future. We need more contributions to paint the large canvas of biomedical engineering, for the benefit the entire community and all people in it.

序

共同成就與疾病作戰的勝利

吳明賢・台大醫院院長

醫療與人類生活息息相關，民眾到醫院接受治療時，除了藥物和手術，隨著科技進步，醫療器材扮演著愈來愈重要的角色，就像針對癌症的放射治療，從最早的光子治療，現在已進展到質子、重粒子，都是醫療器材的日新月異。

然而，傳統的醫學教育缺乏對醫療器材的學習，幸好有醫工師這樣的角色，成為醫學和工程之間的橋梁，為醫護人員提供重要協助，一起提升醫療服務品質。

在醫院，多數民眾看不到醫工師，但醫工師肩負著醫療器材維修、保養的重責，更保障了病人的生命安全。

醫工師不但為病人安全和醫療品質把關，也為醫院的經營管理把關。醫療器材日趨高端，許多儀器動輒數千萬元甚至上億元，醫工師熟悉市場資訊和醫材發展歷史，可協助臨床採購適合的儀器，是醫院採購過程中重要的守門人。就像台大醫院是公立醫院，有一定的採購流程，這時就要靠醫工師的專業，讓採購流程更快、採購目標更精準適切。

從與疾病作戰的角度看，醫師是站在前線的將領，帶領軍隊對抗敵人，但作戰要有武器與強大的後勤，前線的子彈用完了、槍砲卡住了，都要靠後勤立刻支援，醫工師正是這樣的後勤團隊，是醫院重要的幕後英雄。

我常和台大醫院同仁說起漢朝「開國三傑」——韓信、蕭何、張良的故事，他們三人協助漢高祖劉邦平定天下有功，韓信是戰無不勝、攻無不克的前線將軍，張良是運籌帷幄、決勝千里之外的軍師，但他們二人獲得的獎賞都不如蕭何，因為後者「鎮國撫民，給餉饋，不絕糧道」，正是作戰的後勤指揮官。

在漢高祖眼中，沒有足夠的後勤，前線再強、謀略再深，都無法打仗，蕭何如同醫院的醫工師團隊，提供前線醫護強而有力的支援，才能成就每一次與疾病作戰的勝利。

醫工是跨越醫學與工程的專業，台大醫院很幸運，擁有來自台灣大學理工科系和醫學院的學術資源，培育出一流的醫工人才，多年來台大醫工部也為臨床的醫療品質、病人的健康與安全，做出無數貢獻。

當然，貢獻的背後來自堅持不懈的努力。隨著醫學快速發展，我常勉勵台大人必須抱持終身學習的態度，醫工師站在醫療科技突飛猛進的浪頭上，未來勢必有更多新挑戰，更需要持續學習。

我也常提醒台大人，要有傳承與創新的精神，包括醫工部在內的每個部門，除了將好的制度、文化傳承下去，還要以病人為核心思考，從病人的角度出發，不斷創新，才是醫院存在的價值。

期待全台每個角落的醫工人都能以此共勉，一起為台灣的醫療產業打造更好的未來。

傳承價值與精神，展現台灣醫工發展成果

賴健文．中華民國生物醫學工程學會理事長

醫學與工程的結合，促成了醫學工程的存在價值與發展潛力。中華民國生物醫學工程學會自從一九八〇年創立以來，在歷任理事長的努力下，持續提升醫工師的專業與社會定位，並從二〇一〇年開始推動醫學工程師證照立法。

回想這一路走來的歷史軌跡，看著一群參與醫學工程發展的醫工人們秉持初衷，默默在社會各個角落付出自己的力量，發揮所擔任的角色任務與無

形貢獻，整個過程實屬不易。我們希望能將這些珍貴的價值與精神記錄、傳承下去，讓下一代能理解醫工發展的歷史，於此同時，幾位前理事長也提醒我是否能為學會的永續留下一些紀錄，於是有了這本書的出版。

每個人都會接受醫療服務，針對醫療器材的服務品質或內部管理，醫工師其實無所不在。不管公立、私人，或偏遠、都市的醫院，甚至在研究單位，都有很多不為人知的醫工成就故事，值得去關注與感謝；也有在學術單位或大學院校的資深教授們，正引領著我們國家的醫療科技教育與學術研究不斷進步。而政府推動的生醫產業創新促進計畫，也可看見醫工人員扮演相當重要的角色。

從本書中，可以看到五十年前如何設立大學醫工系、醫院為何決定成立醫儀設備專責管理單位等，又如偏遠資源不足或離島居民的醫療如何透過科技來改善，醫工人又在其中扮演何種角色，甚至當政府拓展外交時，醫工人也必須常駐海外進行協助等，這些故事都是受訪者的親身經歷，也是許多醫工人的工作寫照。

感謝書中每位受訪醫工人的付出，期待透過本書的出版，讓醫工人的專業被更多人看見，也能讓一般讀者更了解醫工師，並呼籲醫界對醫工的重視；而對生醫產業有興趣的年輕人，也能更加了解職業現況與醫工系所畢業後可以應用的場域，提早對自己的生涯有更寬廣的規劃選擇；也期待這本書能在國際醫學工程的社群平台中，展現台灣的醫工發展成果。

生醫產業是台灣目前的國家重點發展領域，而人才更是關鍵。期許政府能重視醫工師為國家重要人才資產的一部分，國家證照制度能早日納入醫工師，讓台灣的醫儀管理機制與國際接軌，往前邁進。

前言

從清晨到午夜的守護

有一群人，他們會在清晨時分衝進醫院；有一群人，他們會在午夜時刻在醫院中穿梭；有一群人，他們得趕赴山區、離島，還要參加醫院重要採購會議；有一群人，正在實驗室中致力研發創新的醫療器材……，這群人，如同緊密咬合的齒輪，匯聚了醫學與工程的專業，他們有一個共同的名字，叫做「醫學工程師」，又稱「醫工師」。

半夜兩點鐘。

北部某醫學中心的醫工師接到急診室電話，一台正在進行中的腦中風手術，術中血管攝影儀器突然罷工，手術無法進行。他從床鋪上跳起，緊急趕回醫院，在主刀醫師殷切火熱的眼神中，迅速修好儀器，讓手術得以繼續。

他不是此時院裡唯一還沒睡的醫工師。台灣時間凌晨三點鐘，他的另一位同事正在美國的精密儀器原廠，進修最新的維修保養訓練。

工作就是在「旅行」

上午七點五十分。

一位配合政府遠距診療政策的醫學工程業務工程師，拖著行李箱、身上背著大背包，剛從台北搭乘最早班的飛機抵達澎湖馬公機場，準備從馬公再搭一個小時的船，才能抵達被稱為「離島中的離島」的望安鄉將軍嶼，保養遠距診療門診的醫儀設備。

同樣「工作即旅行」的，還有某山區醫院的醫工師，一早就開車行駛在路況不佳的蜿蜒山路上，準備前往距離醫院七十多公里遠的部落，因為部落裡山地醫療站的醫儀設備正等著他去維修。曾經有長達三、四年，他都是院內唯一的醫工師，要照管三十多個部落山地醫療站。

清晨八點半。

南部一所醫學中心，某神經外科主任的第一台刀，設備出狀況，腦瘤病人躺在手術檯上，常駐開刀房的醫工部同仁滿頭大汗緊急搶修之際，又接到另一間心臟外科微創手術開刀房的緊急呼叫，說止血用的電燒機無法和達文西機械手臂配對，只能暫停手術，等著他去修復。

上午十點鐘。

另一所公立醫學中心的年度採購評估會議正在進行，列席的除了院長、會計部門，還有醫工部。臨床單位提出購買電腦斷層掃描儀的採購需求，醫工部主管開始思考：要買什麼品牌？哪個年份？造影需求為何？零件貴不貴？醫院的預算有多少？若臨床單位認為醫工部太刁難，他還得充當醫師和醫工師的溝通橋梁，幫助雙方盡快建立交集與共識。

上午十一點。

一位知名醫材公司老闆踏入直營門市，默默觀察顧客如何反映他們的需求或困擾，同時思考未來研發方向應該如何精進。

馬不停蹄的奔走

上午十一點半。

某位心臟醫學權威正在進行一場長達八小時的心臟手術，團隊成員還包含一位體外循環師（簡稱體循師）。他從術前就要仔細建立體外循環管路，維持病人的生命，術中更要做好心臟保護，讓心臟維持低溫冬眠的狀態，同時嚴密監控病人的各項生理參數，包括：血壓、血液氣體分析等，整個過程至少需要兩、三個小時。

下午一點鐘。

一位癌症病人正在重粒子癌症治療中心接受治療。治療團隊中的運轉員，負責維持現場儀器設備的穩定運作，讓病人能順利完成治療。

下午兩點鐘。

台灣南部一間知名大學生物醫學工程系的教授研究室裡，幾位學生正在與教授討論幾個重點研究方向，例如：醫材開發、智慧醫療、銀髮長照等主軸。教授還不忘諄諄提醒，跨域技術整合是未來的趨勢，醫材的創新研發勢必要結合穿戴式裝置、人工智慧、資通訊科技等領域，串聯醫療體系、居家及個人。

下午三點半。

南部一所區域醫院，醫工組組長接到臨床使用單位回報：肌電圖系統無法啟動。他立刻打電話詢問廠商，得到「整台更換」的建議，估價則是「至少一百萬元」，讓他倒吸一口氣！還好，組內同仁很快找到只要兩千元的電源供應器零件，成功「救回」設備。

看不見的重要存在

傍晚五點多，大部分的上班族準備要下班了。

台灣東部一處偏鄉醫院，醫工室團隊拿著好不容易找到同樣型號的電源供應器，小心翼翼更換在已用了二十年，零件幾乎已經絕版的神經外科手術顯微鏡上，這台高齡卻珍貴的手術顯微鏡立刻又能正常使用，零件成本只有一萬八千元。

另一頭，是那家醫院的醫工室主任正在修理一台用了十一年、電路板出問題的超音波儀，原廠維修報價幾十萬元，但他靈機一動，將另一台同廠牌準備報廢的老舊超音波儀電路板拆下來，「移植」到故障的儀器上，成功讓超音波儀復活，得以繼續為病人服務。

好不容易完成這不可能的任務，他抬起頭看牆上的時鐘，已經是深夜十點了。

共同開創未來醫療的無限可能

這就是醫工人忙碌的一天。不只在白天人潮湧動的醫療院所，在醫療現場之外，教育、學術、產業、研究機構等領域中，也有他們努力的身影。你不一定看得見，但他們的工作早已開始，也不曾間斷。

雖然放眼整個醫學工程領域，在第一線守護醫院醫儀設備的醫工師只占一小部分，但他們的存在，間接影響了台灣醫療體系的成長進程。他們並非萬能，卻仍盡力為醫護提供確實的技術支援，支撐著醫院的日常運轉，希望成為醫護人員與病人生死拚搏時的重要支柱。

而在醫院之外的場域，做為老師、學者、業者、研發創新人才的醫工人，則希望憑藉創意與努力，為醫療的未來開創無限可能。

如果醫療是一幢華廈，醫工師絕對是重要的磐石，而將努力成果發揮在守護個人、醫療體系乃至整個社會的健康福祉，是所有醫工人的終極目標。

第一部

健康的推手

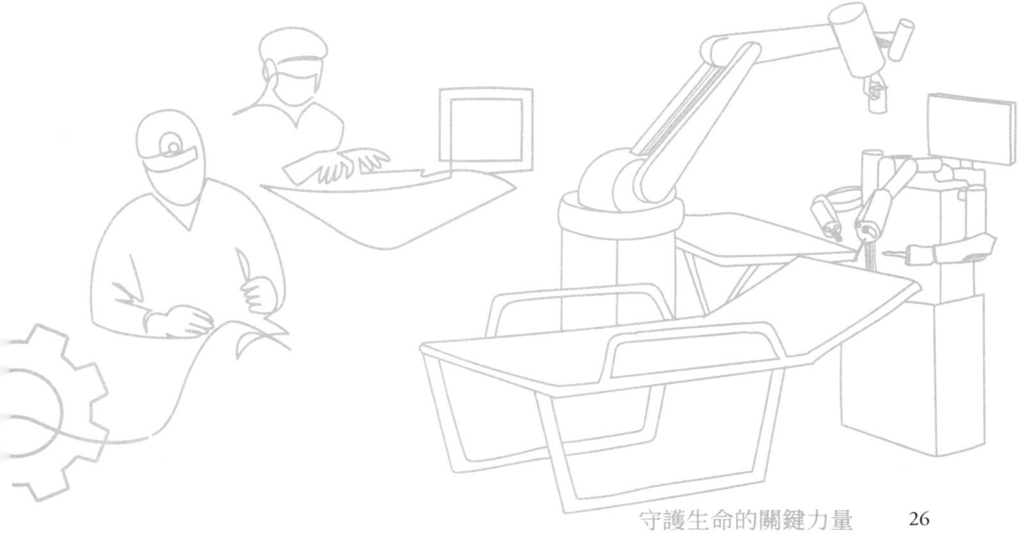

八〇年代，台灣幾家大型醫院陸續成立醫工部門，
專責醫儀設備維修管理，醫工師一職也正式誕生。
他們如同醫療與精密機器的調和者，
憑藉著專業知識與使命感，即使力量有限，
仍努力提升醫院的運作效率和設施管理，
希望塑造出安全、先進、具競爭力的醫療環境，
為病人提供最優質的照護服務。

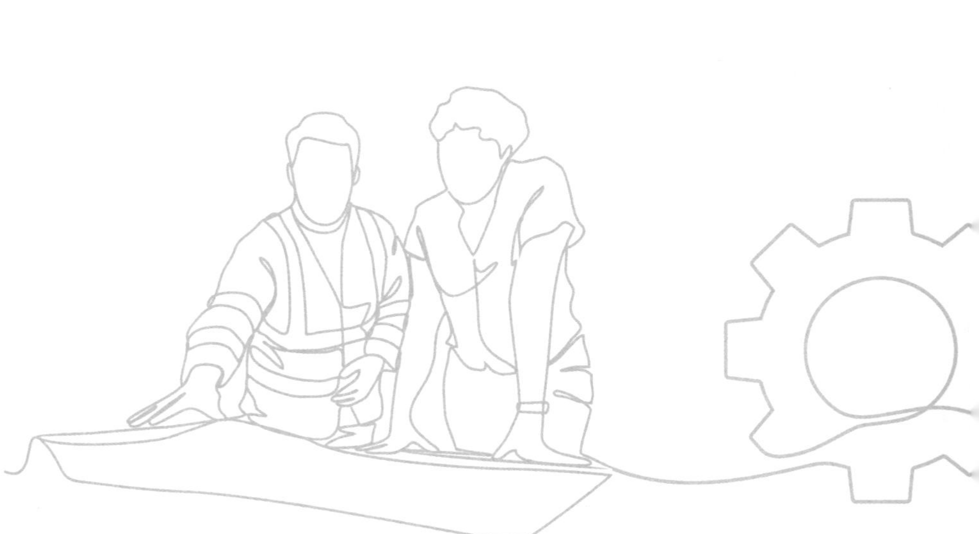

1

跟上世界的腳步
全台第一個醫工室成立

一九八一年二月十五日，三總正式成立醫工室，
由醫學工程師負責全院醫療儀器的採購、保養、修護……，
成為台灣醫療院所成立醫工單位的濫觴，
也引領台灣醫學工程領域往前邁進一大步。

一九八二年四月十四日星期三，下午三點多。

初春的午後，台北市區精華地段的羅斯福路旁，行道樹的小嫩芽都為了迎接春天來臨而蓄勢待發；上了三天班的上班族早已無心工作，想著下班後

到哪裡去輕鬆一下，度過小週末。

直到，羅斯福路三段的土地銀行古亭分行傳來槍響。分行經理被歹徒以點三八左輪手槍擊中胸口，彈孔不斷滲血，震驚社會。

這是全台第一起持槍銀行搶案，大家所熟知的「李師科案」。

比醫師更早深入了解病人

中彈的分行經理很快被送到離銀行三分鐘車程的三軍總醫院急診室，急診醫師判斷傷及心肺，生命垂危。

院內緊急呼叫系統啟動，心臟血管外科、胸腔外科、麻醉科醫師會診後，很快確認傷勢嚴重——彈頭先擊穿胸骨、嚴重挫傷右心室，再鑽入右肺，使肺組織殘破，大量出血。

數十位醫護人員輪流上場，先從肺中清出二千多西西的積血，然後將破損的肺縫起，再修補右心室的重創，成功將分行經理從死神手中搶救回來。

事後，媒體大多將這次分行經理的化險為夷，歸功於三總團隊的精湛醫術，但卻很少有人想到：醫師如何確認傷口的細節？怎麼知道子彈在人體內從哪裡穿刺到哪裡？

答案是：那台比外科醫師更早出現在分行經理病床旁的X光儀器。少了這台儀器，手術再精湛的外科醫師，恐怕也只能瞎子摸象。

掌管這台X光儀器，以及全院數百台醫儀設備的，是三總當時才剛成立一年的全台灣第一個醫學工程室。

完成這項創舉的，是從美國海歸的劉竹君。

敲敲打打的震撼

中原大學電子工程系畢業後，劉竹君在美國俄亥俄州的凱斯西儲大學

（Case Western Reserve University）獲得臨床醫學工程師碩士學位，之後曾任職密西根大學醫學院附設醫院、費城的賓州醫院（Pennsylvania Hospital）醫工部門，參與兩所醫院醫工室草創，深知醫工部門在二十世紀醫療將扮演極為重要的角色。

「我那時就知道，隨著醫療儀器的日新月異，非專業人才已經無法應付與操作從先進國家引進的精密儀器，」旅居美國南加州多年的劉竹君，雖然謙稱自己已經「歸隱山林」，但說起成立全台第一個醫工室的往事，還是忍不住侃侃而談當年的想法：「醫學工程師具有醫學和工程雙重知識，是醫師與工程技術人員、醫院與廠商之間的溝通者，角色既關鍵又重要！」

一九八一年劉竹君回到台灣，立刻將履歷投遞至當時台灣的「四大醫院」：台大、榮總、長庚及三總，希望貢獻自己在美國累積的豐富經驗，讓台灣的醫工師也能跨出第一步，跟上全球現代醫療的腳步。

劉竹君回想到三總「面試」時，院長朱炳圻先是和她閒聊幾句家常，然後詢問對待遇的想法，接著就請副院長帶她參觀當時負責維修保養醫儀設備的工務室。

那次參觀工務室的經驗和畫面，至今仍然鮮明地浮現在她的腦海裡。

「副院長帶我到研究大樓，然後不是搭電梯往上，而是走樓梯到地下室，這是我的第一個震驚，所幸空間還算寬敞，」劉竹君回憶，她的第二個震驚是，工務室除了車床，還有兩張待修的病床，現場還有兩位頭髮花白的士官長，正拿著釘鎚對著病床敲敲打打。

從華髮老兵到專業醫工師

「見了這一幕，我都快落淚了！」即使事隔多年，劉竹君還是忍不住嘆了口氣。

醫學工程概念在美國已經起步，台灣不說迎頭趕上，至少也該略有雛我希望貢獻在美國累積的豐富經驗，讓台灣的醫工師跨出第一步，跟上全球現代醫療的腳步。

——劉竹君．三軍總醫院醫工室創辦人

形，但，「怎麼台灣國軍的最高醫療單位還停留在這裡？」她疑惑也感慨。

一九八一年二月十五日，劉竹君開始到三總上班。在院長的大力支持下，她火速招兵買馬，正式成立三總的醫工室，由她及一群技術員、醫學工程師負責全院醫療儀器的引進、規劃、採購、驗收、使用、保養與修護等工作。

恰巧，當時國防部撥給三總新台幣三十億元預算進行擴建計畫，除了新增建的大樓，也包括新式精密儀器設備採購，而後者讓劉竹君與她所帶領的醫工室，有了盡情展現專業能力的場域。不過短短一年，包括：最新機種的第四代電腦斷層掃描儀、核子醫學專用電腦、雙面快速X光攝影機，以及全套電腦化心導管室、外科雷射治療機等，悉數完成採購並安裝啟用。

劉竹君的前瞻與遠見，成為台灣醫療院所成立醫工單位的濫觴。現在，醫院評鑑暨醫療品質策進會（簡稱醫策會）每四年一次的醫院評鑑，更已將「必須聘有醫療器材採購及管理的專責人員」納入醫院的評鑑標準之一。

醫工師的重要，在時代演進過程中，逐漸被醫界看見。他們憑藉專業知識、技術與經驗，成為「醫儀設備的醫師」，全面關照每一台儀器設備「生病老死」的生命週期，而背後的拚搏、汗水與喜悅，更交織成一幅幅動人的圖畫。

2 多元斜槓

醫院裡的軍師兼戰將

台大醫工部的規模堪稱全台公立醫院最大，同時也是醫院管理者重要的醫材資源分配參謀。有了這樣的後盾，醫院與醫師才能組成強大戰隊，在疾病治療的戰場上衝鋒陷陣。

飛機在空中翱翔，因為有了機師精湛的駕駛技術，乘客們得以平安降落，開啟之後的旅程；病人進入醫院，因為有了醫師高超的醫術而得以健康出院，開啟未來的人生旅程。

但，搭乘的飛機是否安全？搶救生命的儀器設備是否可靠？機師或醫師都無法真正回答這個問題。能夠回答的，是飛機修護員、醫學工程師，他們是讓精密儀器設備穩定運作的幕後英雄。

沒有醫工師的時代

時間，回到七〇年代末期。

一九七九年九月十日，台大醫院以十三個小時，出動十多位醫師、二十多位護理師，以及三十多套當時最先進的手術儀器設備，成功完成坐骨連體嬰忠仁、忠義兄弟分割手術，這不僅是亞洲首例，也是世界醫學史上第四例，締造了台灣醫療里程碑。

手術能夠成功，除了醫師精湛的醫術，先進的手術儀器設備功不可沒。

只不過，當時歐、美、日等國家，這些醫儀設備都有醫學工程單位負責；反觀台灣，「醫學工程」才剛剛起步，醫儀設備的維修保養，要不是使用單位各自為政、要不便交由工務相關單位負責，連當時的台大醫院也還沒有醫工師的概念。

確實，放眼成立至今已經一百多年的台大醫院，相較於其他傳統醫療科部，「醫學工程部」在院內還是十分年輕的單位，只有三十餘年歷史。

「其實八〇年代已有臨床醫師體會到，成立醫儀設備專責部門的重要性，卻無人付諸行動，」台大醫院醫工部主任江鴻生說，直到「大前輩」台大醫學院名譽教授、腸胃道權威醫師王正一出面推動，情況才開始改變。

開啟先河，成立專責醫工單位

王正一於一九六五年從台大醫學院畢業後，在台大醫院接受內科醫師訓練、升任主治醫師；一九七六年至一九七七年間，赴日本取得東京女子醫大消化器病中心醫學博士學位後，再返台回台大任職。親自體驗到日本醫療對醫工師的重視，他心想：「既然總有一天都要做，何不現在開始？」

行動派的王正一當時兼任台大醫院醫務祕書，遇上有同樣理念、同樣是臨床醫師的副院長洪伯廷，兩人一拍即合，一九八六年成立先期醫工規劃小組，一起全台趴趴走，參訪各醫院的工務室、醫工單位、大學醫工系所。

一九八七年，台大醫院醫學工程室正式成立，開啟台灣公立醫院成立專責醫工單位的先河。

「我們只有三個人，一位主修電機，一位是公共衛生，再加上我這個對醫學工程一竅不通，只有滿腔熱血的腸胃科醫師，湊在一起能做什麼？」時隔將近四十年，擔任台大醫工室首位主任的王正一回想起當年的傻裡傻氣，還是忍不住笑了出來。

只要有心，真的可以做到許多事。就這樣，一位笑著說自己傻的人，改變了台大醫院看待醫工師的視角。

「我跟他們說，那就一起從零開始吧！」王正一記得，團隊從清點醫院醫儀設備踏出第一步，而且恰巧三個人各有所長——主修公衛的專長是統計、整理；主修電機的對各種儀器有興趣，加上他這個臨床醫師，三個人開始整理醫院的醫療儀器相關編碼，甚至幫每個儀器設備命名。

「很好玩的！」他再度露出笑容，說：「當時這個儀器要叫什麼名字都隨我們，就像在幫小孩命名。」

從為儀器正名開始

王正一舉例，醫院的化驗室、檢驗科都有一個將血清、血漿分離的必要設備離心機，一個單位用的是很文雅的名字「遠心沉澱器」，另一個單位則是直接稱呼離心機，但「離心機、遠心沉澱器，到底是一種還是兩種儀器？」

“

既然總有一天都要做，何不現在開始？

——王正一．台大醫院名譽教授

”

類似這樣，相同的醫儀設備卻有不同的名稱，當時在台大醫院並不少見。王正一和醫工團隊一步步著手，從統一儀器設備的名字開始，幫它們編碼，記錄所在科室位置、購入年份、購入金額、目前功能如何……，已經壞掉的就報修，達到壽年就申請報廢。

院內醫儀設備總整理完成後，王正一開始第二步。他回憶，那時的台大購買儀器設備的經費並不多，既有的、堪用的就盡量維修，於是他很快發現：「醫工室需要一位很會維修機器的高手加入。」

人才從哪來？

某天，王正一意外發現，院內電子儀器房的技工們，日常工作大多是修理顯微鏡小燈泡之類的簡易任務，「實在太大材小用了！」其中有一位手藝特別精巧、維修儀器設備時總是全神貫注的技工張海塗，吸引了王正一注意，於是立刻邀請他加入醫工室。張海塗一口答應，台大醫工室成員專業逐漸完整。

有了人，接下來要思考的，是要修什麼？

「最開始修理的，是靜脈注射一定會用到的點滴幫浦，」王正一記得，當時他馬上想到，這樣的設備台大醫院有兩、三百台，過去都是請廠商來修，每次維修費用都是三萬六千元，「一台全新的點滴幫浦十萬元，維修一次就要三分之一的費用，這太不合理了！」

年修百台，節省至少三百萬元

果然，王正一將壞掉的點滴幫浦交給張海塗，他檢查後發現，只是電池的小問題，跑到中華商場買電池回來裝上去，幫浦就可以動了！

這次的檢修成果讓王正一驚喜不已：原來醫工可以幫醫院省這麼多錢！

就連總務室看到報價單也大呼不可思議。自此，台大醫院的點滴幫浦再也沒有送修，只要壞了就由醫工室負責維修。

「當時光是點滴幫浦，醫工室一年就可以修一百台，相當於替醫院省了三百多萬元，」他說起當年故事，嘴角自豪地揚起。

點滴幫浦打響了醫工室在台大醫院的知名度，讓臨床科室了解醫工師在院內的價值與重要性，但真正讓醫工師被看見的，是採購評估。

王正一說，當時台大醫院的醫療水準已經創下許多台灣第一、亞洲第一，甚至直追世界醫療頂端殿堂，臨床單位要求買什麼新的儀器設備，院方幾乎有求必應，他甚至用了一個比較誇張的玩笑來形容：「反正也沒人懂，台大又有錢，臨床說了算。」

但醫工室開始投入院內醫儀設備的採購評估工作後，情況開始改變。他們先是設法了解臨床單位真正的需求是什麼，接著蒐集儀器設備的市場情報、分析廠商開的報價、臨床指定要買的廠牌是否真的符合需求……，希望為臨床單位採購最合用的儀器設備。

王正一印象最深刻的一次採購評估，是可以偵測三十多項血液生化數值的自動血液生化分析儀。

那次，使用單位指定購買一台要價二千八百萬元的A牌，他直覺開價有點高，翻閱醫療儀器目錄後，查到B牌的性能、速度、檢驗量能都遠比A牌好，而且廠商估價只要一千九百萬元。

從不討喜到發揮影響力

「不應該指定廠牌」、「要進行廠商比價」，王正一在院務會議中提出兩項建議，在院內投下震撼彈。

「當時的醫師已經習慣『我要用什麼儀器我說了算』，怎麼現在醫工室跳出來要求必須跟別的廠牌比？」他坦言，自己的角色不討喜、甚至是討人厭，原本是好同事的臨床醫師都生氣了，還有人找他吵架，說：「你自己也是醫師，怎麼這樣！」

最後，自動血液生化分析儀採購計畫還是買了A牌，但購入價格是一千八百萬元，比起廠商原始開價省了一千萬元，「雖然我對整起採購案不太認同，但也可以看出，因為醫工單位的參與、比價，才讓A廠商以合理價格賣給台大醫院，」王正一義正詞嚴地說。

醫工室的專業逐漸發揮效果，讓台大醫院醫療儀器的管理、維修與採購逐步進入軌道。

但王正一認為，醫工室可以做得更多。尤其台大醫院身為台灣醫界龍頭，醫工室同樣身負重任，除了實務面的維修保養、採購建議等貢獻，更應該在其他不同面向發揮影響力。

首先，是在學術面。

一九八八年，台大醫工室與醫學院研究中心聯合出版《醫學工程雜誌》，早期內容以臨床工程為主，中英文並列，每兩個月出版一期，目前則是以全英文刊載論文，內容涵蓋醫學工程所有領域。至今，王正一都是雜誌發行人及總編輯。

其次，是跨領域的研究。

隨著醫院成長，為了強化台大醫學工程的研究能量，台大醫學院在一九九〇年年初成立「醫學工程研究中心」（簡稱醫工中心），招募電機、工程相關人才加入行列，台大化學所博士黃義侑就是其中之一。

沒有想當然耳的絕對安全

黃義侑記得，醫工室設立沒多久，王正一就想跨醫學和工程科系，在台大醫學院成立醫工中心，但因為大環境對醫學工程認識尚淺，總校區有教授提出質疑：「醫工是什麼？」「要買斷層掃描儀就編預算買就好了，為什麼還

> 醫院是管病人的生病老死，醫院的醫工師就是管儀器的生病老死。
>
> ——江鴻生．台大醫院醫工部主任

需要大費周章成立一個部門？」「沒有醫工室的時候，醫院不也照常買斷層掃描儀嗎？」

多年後時空轉變，新的人事上任，才總算落實王正一的想法，相繼成立醫學工程研究所碩士班、博士班。

諸如此類，在王正一的推動下，台大醫工中心和醫工室的相互支援愈來愈緊密，醫工室不僅人員擴編，提供的服務項目也從故障修復、儀器保養，進而拓展至醫療儀器安全、蒐集國際醫療儀器警訊、新購儀器電性安全等工作。

譬如，「儀器設備要做電性安全確認，」江鴻生提到，人體具有導電性，雖然都是經過衛生福利部審核通過的產品，但「你能保證不會買到『機王』嗎？」為了保障病人與使用者安全，不能想當然耳認為只要符合規定就絕對沒問題。

二〇〇一年八月，台大醫院醫工室改制為醫工部，歸屬醫療支援單位，成員陸續增加到三十多位——在公立醫院中，醫工單位的規模目前還是由台大醫院奪冠。

關注臨床需求，讓醫療事半功倍

「台大醫院醫工部最大的優勢，是把醫工部和台灣大學的理工科系、醫學院的醫學相關科系連結在一起。台大畢竟還是台灣菁英的匯集地，加入的新血都非常優秀，可以激盪出許多火花，」和王正一同樣是臨床醫師出身的江鴻生提到，因為興趣使然，他在進修時捨棄一般臨床醫師會選的臨床醫學研究所、分子醫學研究所，投入台大醫工所，成為第一屆博士班畢業生，二〇一一年接任醫工部主任。

江鴻生直言，像他和王正一這種由臨床醫師來主導醫工部門的模式，在北美已經是常態，只是台灣還很少見，「但我相信，這將是未來的趨勢。」

他認為，醫師和醫工師一定要能用「相同語言」對話，醫療才會事半功倍。而他以「臨床醫師斜槓醫工」的角色擔任醫師和醫工師的橋梁，更能明確告訴醫工師，使用者（醫師）的需求、困難是什麼，兩邊才會愈來愈了解對方在做什麼、想什麼。

江鴻生以「陸軍的兵工司令部」形容台大醫工部，「兵工（醫工師）的責任，是要讓前線戰士（臨床單位）沒有後顧之憂，有最精良的武器（醫儀設備）可以使用。」

但，這可是個大工程！江鴻生透露，台大醫院醫儀設備全都歸醫工部管，總數高達一萬八千九百台，總價值達九十億元；此外，每年新的醫儀設備採購預算，更高達七億元至十億元。

還好，台大醫院的醫工部門規模大、人力充足，可以分為三個組：診斷儀器組（生理監視器、心電圖機、腦波儀、血液測試儀……）、治療設備組（內視鏡、呼吸器、麻醉機、電刀、洗腎機、葉克膜、電擊器……）、放射及行政組（直線加速器、X光機、電腦斷層掃描儀、磁振造影儀、質子治療儀……），各司其職，大幅提高專精度。

「如果說，醫院是管病人的生病老死，醫院裡的醫工師就是管醫療儀器的生病老死，」江鴻生點出，「預算暨採購評估，就是醫療儀器生命週期的第一步『生』。」

評估資源分配的最強軍師

購買醫儀設備為什麼需要評估？

「臨床單位只會提出需求，例如：『我要買斷層掃描儀』，」江鴻生說，購買醫儀設備學問很大，接到需求後，醫工部就得開始「想東想西」。

買什麼品牌？美國廠牌？歐洲廠牌？日本廠牌？哪個年份？愈新愈貴，有需要買到最新的嗎？造影速度需求為何？要搭配什麼軟體？軟體更新速度如何？國內採用該廠牌的醫院多嗎？使用經驗如何？使用單位有沒有什麼特殊需求？維修公司距離醫院多遠？零件貴不貴？

「最重要的是，醫院的預算有多少……」面對這些問題，聽的人頭都大了，對江鴻生卻如同日常，他面無表情接著說：「這些都是醫工師需要去評估的，而這只是醫儀設備在院內的『生』。」

他進一步指出，對醫院管理階層來說，醫工部還是他們評估院內醫療資源分配的重要依據。

在台大醫院，醫工部每年參與的醫儀設備預算及採購評估約有六、七百件，範圍從醫儀設備、貴重醫材與儀器的合併採購評估，到生化檢驗試劑設備、輸液套帶、輸液幫浦、血糖機等，包山包海。

「尤其台大是公立醫院，公帑涓滴都要花在刀口上！」江鴻生直言。

他強調，在採購評估上，醫工部是管理（院方）與基層（使用單位）的橋梁，不只要讓使用單位買到心儀、合法採購的產品，身為預算委員會、採購委員會當然成員，醫工部也要向院方負責，思考「如何用最少的錢達到最高的效益」。

不僅如此，「我們也要兼顧台大醫院的創新領導地位，不只是一味的省錢，」江鴻生說：「必要的時候，還是得牙一咬，購買『台灣第一台』、『亞洲第一台』的醫儀設備。」

儀器安全的守門人

經過冗長的採購流程，喜迎新機的同時，醫工部得啟動規格品質驗收任務，包括：裝置穩妥嗎？會漏電嗎？這些細節，醫工部都必須嚴格審核；通就算臨床的需求九九%都是天馬行空的想法，只要有一%能成真，我們的理想就實現了。

——江鴻生．台大醫院醫工部主任

關後，醫工部的工作仍未結束，還必須協助使用單位進行維修與保養。

在台大醫院，一級保養由使用單位執行，二級保養則由醫工部執行，保養檢測完畢就貼一個標籤，下次保養日期也要注記在上面。不過，即使定期維護，人難免生病，醫療儀器也可能故障，這時便進入生命週期的第二步：病。

醫工師得先確認故障原因是否為人員操作不當？還是水、電、氣體供應中斷等環境因素？如果以上皆非，確認是儀器本身故障，就走故障送修流程：先確認病人安全，若有緊急狀況則尋求備援方案（備機或其他方式的醫療技術），接著將可移動的儀器隨工單送到醫工部，不可移動的設備則由公文傳遞維修工單到醫工部。

「台大醫工部每年有九千件維修、一萬一千件保養，光是維修保養費用，一年就要二．四億元，」嘆了一口氣，江鴻生摸著頭，說：「我們只有三十幾個人，可見每天有多忙！」

至於醫儀設備的「老」、「死」這兩個階段，同樣也要進行維修效益評估，例如：是否該換新機了？如果真的要報廢，有堪用的零件可以留下嗎？

江鴻生解釋，有些老舊的儀器設備因為總院單日使用次數太多，不堪負荷；但使用次數只有十分之一的分院卻很適合。這時醫工部就會建議，將設備轉往分院，甚至捐贈友邦國家——這些專業評估，也都靠醫工師。

用創意讓一%的可能成真

「醫工室成立時的理想，是逐步成為全功能型的醫工單位，」近年來已經退居幕後的王正一，對醫工部一直有更大的願景——創新、研發，讓具工程背景的專業人才協助台大醫師改善醫療流程。

因此，除了被動的採購評估、維修保養，台大醫工部更將研發視為重點，積極關注臨床端的需求，構思解決之道，甚至「無中生有」，「變」出可行的解決方案。

「就算臨床醫護的需求中，九九％都是天馬行空的想法，」江鴻生笑著說：「只要有一％可以成真，我們的理想就實現了。」

事實上，這幾年來，台大醫工部實現的，早已遠遠超過一％。

江鴻生舉例，台大護理部新生兒中心在二〇二三年向醫工部提出需求，表示院內產科新生兒調奶室工作人員，一天要鎖七、八百個奶瓶，成為護理師職業傷害的主因，不知道有沒有辦法可以解決。

了解需求後，台大醫工部運用創意巧思，設計出一個省力的「倒奶神器」，以自動化、符合人體工學的設備，應用3D列印印出奶瓶架及三百六十度旋轉盤、設計電動開鎖奶瓶器，大幅減少護理師的短時間內重複性工作，獲得護理人員超高回饋，最近更拿到醫策會「國家醫療品質獎」金獎肯定。

復健部、護理部和醫工部也有合作研發。

二〇二一年獲得醫策會「國家醫療品質獎」創意獎的管路固定架，藉由在病人身上固定呼吸器管路，方便病人提早下床復健，已證明能讓五七％的病人提早下床活動，管路滑脫事件也從二〇一九年的一年兩件優化到二〇二〇年的零件。

為了教育護理人員熟悉導尿管的放置，護理部和醫工部合作研發的導尿管放置擬真模具，也獲得台北市護理師公會「護理創作競賽」優等獎。

現代醫療量能的後盾

醫工部能做的還有許多，譬如，自製機器零件。

江鴻生記得，有一次婦產科因為超音波控制面板的滑鈕脫落遺失而申請報修，醫工部聯絡原廠，原廠表示控制面板為一體成型，無法報修單一零件，必須整組更換，開出二十萬元的報價。醫工部決定自己來，用3D列印自製零件，輕鬆解決難題。

「工欲善其事，必先利其器」，江鴻生將醫療比喻成作戰，「敵人是疾病，臨床醫療就是醫療團隊對付疾病的一場戰爭，而這場戰役不只靠人，還需要兵器。」

「現代軍隊戰力的後盾是兵工，現代醫療量能的後盾，則是醫工。提供前線作戰的醫師適如其用的醫儀設備與材料，醫師們才得以發揮高超的醫術，懸壺濟世，」江鴻生如此做結，也期許台大醫工部在創意研發上能繼續發揮，讓醫工師的戰力再升級。

3 安心支柱

專業變服務，做醫護的後盾

創辦人的一句話，讓長庚儀器處不斷精進專業，院內儀器自行維修率超過九成，成績傲人，好技術甚至擴展至外院，形成一種商業模式，讓其他醫院的儀器維修保養，不再受限國外原廠。

六月份畢業季節，人力銀行網站上一則「長庚醫學科技股份有限公司醫儀工程師聯合招募」貼文，引起電子、電機、醫學工程、光電、自動工程等理工類組社會新鮮人在社群網站熱烈討論。

「長庚醫院的醫工師在招人耶！他們的福利和薪資都很好，好心動。」

「學長說，長庚和其他醫院的醫工單位不太一樣。他們很重視員工教育訓練，可以練就一身好功夫！」

「但招募門檻好高喔！不但有口試，要考國文、英文、電子、電機、醫學工程科目，多益還要四百分！」

「趕快把大學四年的書拿起來惡補，希望成功被錄取。」

二十四小時待命的安心感

放眼全台各地，不少醫院招募醫工師不易，往往必須跟當紅的半導體等高科技產業搶人，相形之下，長庚醫院的醫工師職位卻非常搶手，這代表的，是長庚醫院對醫工人才的重視，而背後彰顯的，是醫工師本著使命與責任，為全院上下帶來的安心感。

場景來到二十四小時燈火通明、深夜時分依然人聲鼎沸的急診室，時間是半夜兩點鐘，常駐林口院區的長庚醫院北區儀器處高專高政煒，在睡夢中接到急診室醫師親自打來的電話，原來是一台腦中風病人清除血管栓塞的急診手術進行到一半，術中血管攝影儀器突然不動了，手術無法進行，病人卡在生死交關處，全場醫護心急如焚。

從接到電話起身準備，不過半小時，住在林口院區附近的高政煒已經抵達開刀房。門一打開，主刀醫師、麻醉醫師、護理師、流動刷手護理師……，一眾醫護如同看到救星般讓出位置，他就在這種眾人殷殷期盼的壓力中，快速排除故障，手術也終於能繼續進行。

自行維修率達九成

根據二〇二四年六月號的《長庚醫訊》，每個月平均有超過一萬五千人次造訪急診室，其中又有高達三成是需要立即介入診療或是開刀的重症病人。當急診二十四小時不打烊，除了值班的醫師、醫護人員，同舟共濟的醫工師們同樣也必須二十四小時待命，發揮「7-11」的精神，一有狀況就得立刻抵達現場。

工作雖然不輕鬆，但「長庚儀器處有良好的制度，以及完善的教育訓練，讓年輕人專業被肯定、被看見，自我價值提高，因此能夠樂在工作，」二〇二一年至二〇二三年任職長庚醫院北區儀器處處長的蔡岳勳認為，醫工師在院內的地位和醫護並無二致，甚至，他自豪地說：「在長庚，大家看到醫工師出現，因為儀器設備故障而懸在半空中的心，立刻就會安定下來。」正是因為這種氛圍，難怪每次長庚醫院招募醫工師總是吸引很多應徵者。

這樣的自信，其來有自。

目前，長庚從北到南九個分院，一共有九十多位醫工師與儀器維護人員常駐各院區，假日及夜間都有值班人員隨時待命，第一線臨床只要報修，醫工師都可以在三十分鐘內抵達現場，不僅維修設備的效率提高，也降低了臨床因為儀器設備不良所造成影響的程度；根據長庚內部統計，三日完成率近三年平均達九九．二％到九九．四％。而各院區的醫儀設備，包含大型放射設備，院內醫工師的自行維修率也已經超過九成，和其他醫院大多是和設備廠商簽訂維護合約，有問題直接打電話請廠商處理的模式大相逕庭。

舉例來說，像是磁振造影儀等重大設備的可用率，原廠合約標準為超過九六％，歷年來在儀器處的自行維修下，都可以達到和原廠一樣的水準九九％。

創辦人的遠見

而長庚儀器處能有這樣的實力，完成各種精密、複雜儀器的維修任務，「要歸功於王創辦人的遠見和對專家的尊重，」長庚醫院北區儀器處副處長在長庚，大家看到醫工師出現，因為儀器設備故障而懸在半空中的心，立刻就會安定下來。

——蔡岳勳．長庚醫院北區儀器處前處長

洪聖彰說。

一九七六年，長庚台北分院開幕時，從台塑總公司被挖角到醫院的許文彬，在長庚的第一份工作，是在工務處下轄的電儀組擔任組長。他回憶：「創院初始，大家沒經驗，過於相信醫療儀器廠商，買了很多貴重儀器，後來才發現買錯了，根本不能用。」

其中一個經典例子是，通常電腦斷層掃描儀都是讓病人躺著由機器推送進去檢查，但當時卻有廠商建議長庚購買一台探頭不能動，得靠病人自己移動才能做檢查的「類電腦斷層掃描儀」，結果臨床發現根本無法執行檢查，而這台所費不貲的儀器最終也沒有啟用，就被擱置在角落。

這樣的浪費，自然不是王永慶所能接受，於是他決心在院內建置一個專業團隊，能夠正確選擇、管理、維護醫療設備，也就是電儀組；三年後，一九七九年，「王創辦人指示，隨著醫療儀器業務日漸增加，應該將較精密的醫療儀器從工務處脫離獨立，」許文彬回憶當年電儀組如何從工務處獨立，成為「儀器處」，專責醫療儀器的維修和管理，以確保維護品質。此後，許文彬開始積極招兵買馬，一口氣找來二十六位台大、清大、成大、中原醫工系或電子、電機相關科系畢業的大學生，為長庚儀器處挹注新血。

根留長庚，打造夢幻團隊

當時，長庚儀器處依照醫療儀器屬性，分為放射、生化檢驗、診療三個課，每個課由五位醫工師專門負責，一共十五位醫工師常駐林口院區；其他規模比較小的院區同樣有常駐醫工師，包括：基隆院區五位、台北院區兩位、高雄院區則有七位。

這樣龐大的醫工師規模，就算是二〇二四年的現在，在醫界也是一支超高規格的「夢幻隊伍」。

距今約四十年前，醫工師在許多人心中，還是一份定位不清、職責模糊的工作，為什麼長庚會以這樣遠遠超越同業的規格建置？

「因為王創辦人強調，專業維修技術是無價之寶，一定要『根留長庚』，」許文彬說明。

從此，長庚儀器處特別重視技術訓練，「新進員工一律必須跟著資深前輩到臨床學習，經過嚴格的評估和考核，才能留下來成為正式員工，而留下來的員工，近五年的離職率大約只有二%，」長庚醫院南區儀器處處長黃進發解釋。

完成第一階段的考驗後，表現優秀的醫工師便可以爭取到原廠受訓，取得原廠維護訓練的證書，證明自己的專業和技術到位；而為了落實「根留長庚」，新購入院內的醫儀設備，儀器處也會要求廠商提供教育訓練，不能「留一手」，且保固期間若有原廠工程師到院維修，醫工師也一定會全程在旁學習。

就這樣一點一滴，儀器處將專業技術累積成龐大的實力，每個醫工師都練就一身超強功力，造就長庚體系各分院醫儀設備自修率高達九三％的傲人數字。

勤勞樸實、追根究柢

能有這樣豐碩的成果，王永慶「勤勞樸實、追根究柢」的領導風格推了一把。

二〇二一年退休的長庚北區儀器處前處長蘇明綢記得，在台塑體系，包括長庚醫院在內，超過一定金額的經費都得由王永慶親自批准。

當時，電腦斷層掃描儀仍須委託原廠奇異醫療每個月到院維修保養，「在那個美金兌換新台幣一比四〇的年代，一台電腦斷層掃描儀一個月的維修費用高達一萬美元，等於是新台幣四十萬元！」蘇明綢一邊搖頭一邊苦笑，說：「而且，奇異代理商經常每個月出現一下下，機器東摸西摸沒幾分鐘，就說保養好了。」

日積月累，有一天，這張請款單終於讓王永慶把儀器處處長叫進辦公室，劈頭就問：「既然有了儀器處，為什麼還需要每個月付這麼貴的維修保養費？」緊張得手心冒汗的處長戰戰兢兢回答：「奇異不讓我們學，也不准我們動機器的任何零件，我們只能在旁邊看皮毛……」

「創辦人聽了超生氣！大呼不合理，」蘇明綢至今仍對當時尷尬的場面印象深刻。因為台塑和奇異有合作關係，王永慶當場撥電話給奇異的台灣總經理，電話那頭立刻允諾，答應長庚派員到原廠受訓學習。

一九八四年，長庚儀器處派出第一位醫工師赴美受訓，花了三個月時間，向奇異學習如何維修保養電腦斷層掃描儀。從那時候開始，長庚再也不用每個月花大錢請代理商到院維修保養，關於電腦斷層掃描儀的大小事都可以自己來。

一九八六年，儀器處再度派人前往荷蘭，參加心導管X光機訓練，「回台後，長庚各分院的心導管X光機，直到現在都是自行維護，也使長庚成為全台第一個具備自行維護心導管X光機技術的醫院，」蘇明綢說。

到全球各地原廠受訓

跨出關鍵第一步，儀器處同仁士氣大振，長庚醫院管理階層看見成果，開始展開到全球各地原廠受訓之路。

打開世界地圖，長庚儀器處至今已在日本、泰國、印度、中國大陸、美國、新加坡、德國等地完成知名國際大廠，如：佳能醫療系統、日立、飛

“

醫工師不要小看自己，要展現專業能力、肯定自我價值。

——黃進發．長庚醫院南區儀器處處長

”

利浦、奇異、西門子醫療公司等精密醫儀設備原廠，包括：正子／電腦斷層掃描儀、磁振造影儀、心導管X光機等貴重醫療儀器的維修保養訓練，取得和原廠工程師相同訓練合格的證書。

能夠被派出國受訓，又能拿到證書，對醫工師來說，就像是代表學校參加比賽的校隊，是榮耀、也是對自我的肯定，成為年輕的醫工系畢業生選擇進入長庚儀器處的最大吸引力。

當醫工師有了專業加持，在院內自然受到重視，畢竟無論臨床醫師醫術再好，只要醫儀設備罷工，治療或檢查就無法繼續下去；而若醫工師與醫師之間能夠良性交流、愉快互動，又可望吸引更多優秀人才加入，激發更多創新想法，讓組織運作更有效率。

不可諱言，對一般民眾來說，大多認為醫院裡最重要的是醫師，醫工師只是小小的螺絲釘，很少被看見，醫工師有時難免為此感到忿忿不平……，但長庚醫院高雄院區人稱「發哥」的黃進發總是勉勵同仁：「醫工師不要小看自己，要展現專業能力、肯定自我價值。」

「醫院儀器設備如果沒有我們維護、修理，醫師很多事情都沒辦法做，」揚起自信的笑容，有著高雄人豪邁和熱情的黃進發說：「醫師醫人，我們醫儀器設備。」

以器官移植規模運送零件

常駐長庚醫院嘉義院區的南區儀器處高專王秉豐，就有過類似擔任「設備器官移植醫師，搶時間修復」的經驗。

那次，嘉義院區唯一一台3T磁振造影儀的冷卻泵壞掉，儀器處向原廠調度零件，廠商卻說零件在新加坡，最快要三天才能送到台灣——這樣一來，嘉義院區有三天不能做磁振造影檢查，影像醫學科主任急得不得了。

「我們依照專業知識判斷，冷卻泵不可能只有原廠可以提供，找台灣廠商應該也有機會，」王秉豐找到台北一間本土廠商可以維修，「那時候幾乎是以器官移植的規格，將冷卻泵層層包裹，在最短時間內坐高鐵到台北，廠商當場把冷卻泵修好後，再用行李箱裝冷卻泵坐高鐵回嘉義，到了醫院馬上將冷卻泵裝回磁振造影儀上。」

從拆下壞掉的冷卻泵到修好、裝回，一共只花了四小時，就完成原廠需要三天的不可能任務，被譽為近年來嘉義儀器處創造的最佳奇蹟。

不過，「整個過程我的心都懸在半空中，直到看見磁振造影儀正常運行的指示燈亮起，一顆心才安心落地，」王秉豐用沉著的表情說著，冷靜的樣子讓人差點以為當年的情況一點都不緊急。或許正是醫工師們都用冷靜自持的態度面對一切急迫的挑戰，才能一次次度過難關。

長庚儀器處的努力有目共睹，曾多次獲得王永慶公開表揚。而深知台灣醫療院所醫儀設備維修保養長期依賴國外原廠的窘境，他曾經提到，希望儀器處除了做好院內工作，也能把這樣的專業技術拿來幫助更多醫院。

技術援助，擴展外院

二〇一八年，在轉型為公司化經營、併入長庚醫材公司十二年後，長庚儀器處不負已經過世的王永慶所望，開始承攬衛福部旗山醫院的醫儀設備維護業務，包括：電腦斷層掃描儀、心導管X光機、呼吸器、超音波儀等，達成「擴展外院」的目標。同時，旗山醫院再也不用擔心因為經濟規模太小，精密儀器廠商不願到院維修保養，或是被獅子大開口索取巨額費用，總算能專心服務區域病人。

長庚儀器處開創了台灣醫儀設備維修的創新模式後，獲得愈來愈多區域、地方醫院的委任。儀器處承攬的設備，從呼吸器、超音波儀、電腦斷層掃描儀，一直到高壓氧艙不等。

這樣的模式將醫工師的專業發揮得淋漓盡致，提供的不僅是技術性的支持，更是醫療安全與品質最強有力的後盾。不過，長庚儀器處資深元老們也坦言，醫儀設備一日千里、愈來愈精密，對醫工師確實是個大挑戰。

「長期以來，醫工師很單純就是面對儀器設備，只要學會電學，就可以掌握大部分的維修技術，」黃進發直言：「但如今，人工智慧、資訊管理已經成為醫界顯學，醫儀設備十台有九台都和資訊有關，如何將危機化為轉機，繼續保持競爭優勢，將是包含長庚儀器處在內的所有醫工人，都必須面對的課題。」

4 深耕互信

開刀房裡的危機處理專家

成大醫院首創醫工師常駐開刀房制度，在分秒必爭的手術時刻，臨機應變處理各種緊急狀況；更獨創分區管理，在新冠肺炎疫情期間完全發揮優勢，幾小時內就解決組合屋各項設備需求的挑戰。

醫院的開刀房就像是軍事重地，也像是在刀光劍影中搶救生命的殺戮戰場。一台手術要成功，除了醫護團隊的專業技術，感染、落塵環境控制等，全都馬虎不得；對於精密的醫儀設備更是要求嚴格，醫師最怕儀器設備突然無法正常運作，得暫停手術，那可是非同小可。

不同於其他醫院，位在古都台南市北區的成大醫院三十四間開刀房，二十五年來始終有一位醫工師黃聰田穿梭其中，只要成大醫院開刀房有手術正在進行，就少不了他的身影。

首開醫工師常駐開刀房先河

「這是全台首創、甚至是獨創的醫工師常駐開刀房制度，」成大醫院醫工室主任鄭國順自豪地說。

一九九八年，成大醫院成立第十個年頭，因為無法應付開刀房大量的醫工業務需求，特別聘任已經在工務室多年、細心又有耐心，尤其是面對臨床高壓工作的醫師們，依舊能夠保持高情商的工程師黃聰田常駐開刀房。

黃聰田的「守備範圍」很廣，包括：全身麻醉與局部麻醉房間、三間複合式開刀房、一間達文西手術室與一間臨床教學手術室，裡面的所有儀器設備，涵蓋麻醉機器與生理監視器的安裝、維修、保養、監控管理、風險管理，都由他負責。

時時刻刻壓力都很大

問起黃聰田：「在開刀房裡，什麼時候壓力最大？」

沒有一秒的遲疑，他立刻回答：「時時刻刻！」

黃聰田指出，開刀房主刀的外科醫師得為病人、手術成敗負責，只要站上手術檯，就不容許有任何事情干擾、影響他的手術進程，所以，「醫師們看到我的標準問候語，開刀前就是問『今天能開刀嗎？』手術進行中則是問『還能繼續開嗎？』」

「每個問題都讓人頭皮發麻，」黃聰田苦笑著透露，他曾經半夜被惡夢驚醒。

有時，會夢到這間開刀房的問題還沒解決，另一間開刀房又緊急呼叫他……

這些可怕的場景，是惡夢夢境，也是工作日常。

黃聰田記得，有一次，一台神經外科的腦部手術進行到一半，開刀房護理師跑出來說：「CUSA（用音波與微氣泡交互作用把腦瘤細胞組織破裂後，再把打碎的細胞抽吸出來的超音波手術抽吸器）不會動，手術已經暫停在等你！」

他立刻衝進開刀房，和還站在台上的神經外科主任四眼相對後，顧不上問候或緊張，馬上就得從現場狀況判斷是哪個環節出問題。先檢查主機的錯誤代碼，再檢查機器間的管路是否連接異常，最後發現是手持零件的問題，很快把故障排除。

不料，離開開刀房沒多久，黃聰田再度接到同一個開刀房的電話，護理師焦急地說：「黃大哥，CUSA又吸不起來，情況危急，主任請你快來！」

他三步併作兩步再回到開刀房，避開主任的眼神，再度啟動故障排除標準作業流程，發現這次是抽吸系統主機功能異常，立刻重新接線，轉換主機動力來源，終於讓手術順利完成。

還有一次，一台心臟外科的微創手術正在進行，止血用的電燒機卻突然無法和達文西機械手臂連控，事關病人生命，分秒必爭，黃聰田也是憑著經驗判斷，重新配對兩台機器，解除危機。

十八般武藝養成的背後

不只要化解開刀房不定時出現的危機，黃聰田還發揮創意為醫院省下不少成本。

譬如，一台故障無法使用的可移動X光透視器C臂，廠商維修報價二十

“以區域劃分責任範圍能讓醫工師更容易建立關係，這樣要借什麼、調什麼，都很好說話。

——鄭國順・成大醫院醫工室主任”

萬元，黃聰田以自製電源供應器，就讓C臂起死回生；一台要價四十萬元的電燒煙霧過濾器不夠用，他同樣發揮創意，巧手組合可用的過濾器，成本只要五十元，在最低成本下發揮最大效益，並解決長久以來管路汙染的問題。

能培養出黃聰田這樣的十八般武藝技能與獨當一面的能力，要歸功於歷史已有三十多年的成大醫工室。

說起來，成大醫院醫工室的起源其實很早，在一九八八年創院時便已經存在，至今已有三十六年歷史，只是當時編制在工務室之下，稱為儀器組。

開院初期只有兩位醫工師；一九九八年、二〇〇〇年分別經過兩次整編，醫工師員額增加至七人；到了二〇一八年，醫工室從工務室下獨立出來，目前有十多位專職醫工師。

鄭國順回顧，被稱為「台灣科技教父」的行政院前政務委員李國鼎當年大力推動科學技術發展，一九八八年啟用的成大醫院，就是當時「國家十四項建設」其中之一。

成為獨立單位，不再當客服

理工出身的李國鼎早有遠見，認為「醫學工程」對醫療相當重要，必須用心培養人才，於是成大醫院啟用的同一年，成大醫學院也成立了醫學工程研究所（現為生物醫學工程學系）。

可惜，儘管有醫工所培養許多專業人才，大環境卻仍未能正視醫院醫工師的重要，成大醫院也不例外，醫工師一直被歸在工務體系下，工作籌疇涵蓋儀器管理、空調、水電……，又多又雜。

二〇一三年，國內骨科權威楊俊佑就任成大醫院院長後，體認到病人安全已經成為全球醫界的新興學科，而病安除了和醫護人員的醫療技術、工務、總務建置不造成病人危險的環境有關之外，醫儀設備更是關鍵的一環。

然而，設備的原理、如何正常操作、怎麼保養維修……，實際操作、使用的臨床醫護不見得了解，都得靠專業醫工師來把關。因此，他看中當時已經是成大醫院工務室主任的鄭國順既是電機工程博士、又是成大醫工系教授，兩人通力合作，在二〇一八年成立成大醫院醫工室。

從隸屬工務室到成為獨立單位，工作的氛圍與節奏明顯不一樣了。

之前，醫工、工務沒有明確權責劃分，醫工師承攬的業務包山包海，面對臨床單位叫修，往往習慣立刻打電話請廠商來處理。

「我請你們來，結果人沒出現，還直接打電話給廠商？那我何不自己打電話給廠商就好？」鄭國順記得，曾經有好幾次，第一線臨床醫護請工務／醫工師維修，卻遲遲未見人影；好不容易等到人了，來的卻是設備廠商，衝突場面一觸即發。

「專業沒有發揮，在醫院的角色自然可有可無，」嘆了口氣，鄭國順忍不住搖頭，直言：「空有一身醫學工程的好武功，到了醫院卻派不上用場，讓自己變成call center（客服中心），好可惜！」

分區管理，建立良好互動

後來，成大醫院醫工室被獨立出來，醫工師的專業有了發揮的空間，甚至打造出一套獨門的「分區管理」機制。

依照成大醫院醫工室的組織章程，醫工室分為維護組和管理組，儀器的保養維護採「分區管理」，也就是以區域劃分責任範圍。

鄭國順進一步說明，像是一位醫工負責住院大樓四樓的婦產部、產房、嬰兒房、兒童加護病房、新生兒加護病房；一位負責住院大樓一樓的心肺室、腦波室、內視鏡室、復健部；一位專門負責住院大樓三樓的加護病房和病理部；一位責任區域則是住院大樓九到十二樓，以及地下一樓到二樓的門診區……

「這個概念，和大多數採分科，或是依照醫療行為的性質，分為診斷和治療兩組的醫院迥然不同，」鄭國順認為，以區域劃分責任範圍能讓醫工師更容易和周圍相關單位建立關係，當單位儀器設備不夠時，要跟鄰近單位借調都相對容易。

「當你負責這個病房，又負責旁邊的病房，兩邊的阿長（護理長）你都熟，」他笑著說：「這樣你要借什麼、調什麼，都很好說話！」

分區機制的優勢，在新冠肺炎疫情期間更是完全發揮。

譬如，當時成大醫院利用空地架設簡易組合屋分流，需要一台十二導程心電圖機。一位醫工師馬上想到，他的責任區域內，八樓外科病房有兩台十二導程心電圖機，因為當時疫情影響，開刀病人不多，加上十二導程心電圖機不需要二十四小時使用，他立刻跟病房護理長協調，調度一台到組合屋使用，留下一台在八樓互相支援。因為平時和病房建立起革命情感和信任，護理長知道機器借給他絕不會有去不回，二話不說就答應。

除了十二導程心電圖機，組合屋裡的生理監視器、呼吸器、移動式X光機，也都有賴醫工師發揮平時與人為善、到處交好朋友的功力，在幾個小時內就解決了組合屋各項設備需求的挑戰。

開刀房內度秒如年

類似這樣的情況在成大醫院還有許多，而前面提過的開刀房常駐醫工師制度，正是成大醫院分區管理概念的源起。

除了黃聰田，同樣在開刀房裡「一人打遍天下無敵手」的，還有支援成大醫院斗六分院醫療儀器相關設備維修保養的醫工師劉松霖。

“

一個單位要能夠獨立運作，需要有強大的專業支撐，且這個專業要能被認同。

——**鄭國順**．成大醫院醫工室主任

”

但對他來說，最大的挑戰同樣是在最高壓的開刀房。斗六分院雖然規模比較小，但有八間開刀房，而且永遠在開刀中，卻只配備了四台吸煙器，只能在不同開刀房間輪流使用。

頻繁使用的結果，就是劉松霖剛到斗六分院沒多久，開刀房便呼叫他：「吸煙器壞掉了！」他趕緊進開刀房，正在開刀的外科醫師抬起頭看他一眼，冷冷地問：「吸煙器壞掉了，我現在正在開刀，你要怎麼辦？」讓他不禁瑟瑟發抖，只能趕快調度另一台吸煙器來應急。

另一次，開刀房裡的電燒刀漏電流過大，不停發出示警蜂鳴聲，主刀醫師請劉松霖進開刀房，說：「聲音太大了，會影響到我開刀。」他本想跟醫師解釋為什麼會有蜂鳴聲嗶嗶叫，但發現醫師根本不想聽，只嚴肅地對他說：「我給你五分鐘處理，解決這個問題。」

「那五分鐘真是煎熬，」劉松霖苦笑，說：「度秒如年！」他趕快以旁路模式另外設定一個獨立的迴路，才平息了這場「蜂鳴危機」。

比醫師更早開診的一群人

從地點看，開刀房可能是讓成大醫院醫工師倍感壓力的場域。那麼，從時間看，醫工師何時最為忙碌？大家異口同聲地說：「週一上午。」

清晨時分，距離開診時間尚早，門診大廳還是靜悄悄的，但位在住院大樓地下二樓的醫工室卻早已忙碌起來；電梯上上下下，不是從各樓層推著醫儀設備準備前往地下二樓的護理人員，就是推著醫儀設備從地下二樓出發要到各樓層的醫工師。

「和病人利用放假前趕快看醫師、拿藥的概念差不多，這些儀器設備好像也喜歡趁著週末、連假前突然罷工，」成大醫院醫工師楊承翰一邊推著趁著週五下班前修好，要送回診間和病房的超音波儀、心電圖機、生理監視器，一邊無奈地說。

怎麼辦？

「趕快修啊！」楊承翰笑著說，如果沒有趕在週五下班前修好，他擔心週一醫師看診時會沒有儀器可用，整個假期都會不安心。

「醫工室通常比門診醫師更早開診，」鄭國順哈哈大笑說：「我們經常把醫工室比喻為『候診室和診療室』，只不過一般『診間』裡坐著的是病人，醫工室裡待著的則是院內的儀器設備，醫工師就是這些儀器設備的醫師。」

成大醫院醫工室的「診間」，大約占了醫工室三分之一的面積，分為「待修區」和「完工區」，每台送進來的儀器設備都會被掛上「待修牌」，上面載明來自哪個科室、診間，送來維修的日期和原因，等同待修儀器的「病歷表」。

如果看到「待修區」儀器設備多到沒地方擺，醫工師們就會感覺「壓力山大」。

「就像醫師門診，」另一位醫工師王佑銘形容：「如果診間外有許多候診民眾，應該也會很有壓力吧！」

專業，是最強力的憑仗

所幸，走過這一路，成大醫院醫工室與醫護人員經過磨合，不只建立起良好互信，也變得更有默契了。

「最重要還是專業！」鄭國順強調，「一個單位要能夠獨立運作，需要有強大的專業支撐，且這個專業要能被認同。」根據統計，成大醫院上千項醫儀設備，醫工室目前已可以做到八成自修率，就是其中一項重要憑仗。

成立三十多年的成大醫院，目前的十多位醫工師平均年齡三十多歲，可能年紀還沒有成大醫院大，但是他們有熱情、毅力和專業，在鄭國順帶領下，短短幾年間就讓醫工室在成大醫院創造出不可或缺的角色和價值，用專業能力和打拚，證明在醫療器材的生命週期中，從需求端、使用端，到最後汰舊換新，每一步路，醫工師都不能缺席。

第二部

堅實的力量

哪裡有需要，就往哪裡去。
無論是在離島、偏鄉，抑或是海外友邦，
都有醫工師埋頭努力的專業身影。
在資源不足的情況下緊急調度醫療設備，
盡力讓可能變成廢鐵拍賣的器材重獲新生命，
在能力範圍內，用科技縮短醫病距離，
也讓每個生命擁有相同的希望。

1

守護者聯盟

每個神預測都來自超前部署

舉凡大地震時搭建野戰醫院和貨櫃醫療屋，
傳染病疫情發生時提前備好醫療物資、重新調整病房配置，
在焦慮與緊張中，醫工師盡力將任務化危機為轉機，
或許過程並不完美，但都是下次災難發生時的珍貴經驗。

災難總是來得無聲無息，無法防備。

尤其對身處地震帶上的台灣人來說，每個大地震的發生總是讓人心有餘悸，也經常造成災情或生命損傷。而每次發生天災，醫工師的身影也總會出

現在每個醫療搶救現場，他們從多次經驗中學會了未雨綢繆，更希望能在意外發生之前預先做好準備。

百年大震災情慘重

時間回到二十五年前那場巨震，一九九九年九月二十一日，凌晨一點四十七分。台灣中部山區發生了持續一〇二秒的逆斷層型地震。這場震央位在南投縣集集鎮境內、芮氏規模七．三的九二一大地震，釋出能量相當於四十四．七顆廣島原子彈的威力，震央及斷層所經過的埔里、竹山等十幾個鄉鎮市災情特別慘重。

根據統計，在地震發生隔日，當地死亡人數已經超過二千三百二十一人，傷者有六千五百三十四人，南投縣境內的竹山秀傳、埔里基督教兩家醫院，陸續湧入大量傷患。

以埔基為例，九二一凌晨到當天傍晚六點鐘，救護的病人約八百人，其中轉出的重傷病人七十位，死亡傷患五十八人。

三小時完成一間「野戰醫院」

一九九九年也是年輕的施金水從工程承包商轉換跑道，到埔基擔任總務部主任的第一年，工作範圍涵蓋總務、工務、醫工等領域。

「那天晚上真的很特別，」在埔基服務二十多年，如今被暱稱為「阿水伯」的施金水說，也許因為快要過中秋節了，大家心情都特別輕鬆，原本習慣早早就寢的他，難得熬夜和小孩一起看ＨＢＯ電影頻道，沒想到看完剛上床，就迎來一陣天旋地轉，很快他意識到這是很強、很強的地震。

醫院有沒有被震垮？

醫院這麼多的醫儀設備有沒有被壓壞？

重症、住在加護病房裡，需要呼吸器、維生設備的病人還好嗎？

當下，醫工師的靈魂驅使，讓施金水的腦子裡馬上湧現各種危急情節。他還來不及確認家裡的受損情況，只交代老婆把家裡照顧好，便火速騎上摩托車到距離住家三分鐘車程的埔基。

到了醫院，施金水觸目所及的是天花板倒塌、水管斷裂、受損嚴重的舊大樓，所幸剛啟用的新大樓結構還算完整，重要醫儀設備逃過一劫，氧氣供應管路也沒問題，讓他稍微鬆了一口氣。

因為埔里全鎮斷水斷電，加上餘震不斷，民眾對於進入建築物內接受治療難免有些惶惶不安，埔基總務部門便連夜將重要醫儀設備移到戶外空曠處，並搭起帳篷、架設線路和發電機，清晨五點就完成了一間「野戰醫院」，使醫護可以進行簡單的超音波、心電圖檢查。

一切就緒，施金水爬到新大樓頂樓看日出的遠山，「在曙光照耀下，整座山好似在搖晃、飄動，就像是……在跳舞一樣。再向下往大樓一樓廣場看，則是兵荒馬亂，進進出出的醫護和病人，一切好不真實……」事隔多年，施金水對當時的情景仍然歷歷在目。

「那天到醫院後，我就連續一個月沒回家了，」如今阿水伯已經可以爽朗大笑，一邊搖頭以「披星戴月」形容那段平均每天只睡三小時的日子。

人生第一次破門而入

當時的挑戰之一，是無法預期電力何時恢復。儘管醫院有兩台發電機可以供應近一個月的電力，但如何在長期斷電之下維持醫療運作還是很令人焦慮。還好，平日與廠商便維持不錯的關係，天災降臨時更可看見醫工師發揮溝通協調能力，請託平時相熟的業者協助，將柴油油料從市區載進埔里，解燃眉之急。

然而，中央氧氣供應系統無法搬移到戶外，那些靠氧氣維生、一秒鐘都

“平時與廠商維持良性互動，才能在緊急時刻調度到重要醫療資源，這就是醫工師的價值。

——張才義．竹山秀傳醫院醫工課課長”

不能沒有氧氣的病人，該怎麼辦？

施金水記得，當時大家急得不得了，拚命打電話聯絡埔里鎮上供應氧氣鋼瓶的廠商，卻始終聯絡不上，最後連夜找到廠商存放鋼瓶的倉庫，決定直接撬開鐵捲門的大鎖，留下紙條請廠商包涵體諒，就把庫存的鋼瓶全部搬回醫院。

怎麼那麼大膽？不擔心廠商事後追究嗎？

「現在想想，好瘋狂！」施金水露出羞赧的笑容，說：「那是生平第一次，但當時真的沒有其他選擇。沒有氧氣，好多人都會有生命危險。」

地震一週後，餘震逐漸減緩，施金水以為可以結束野戰醫院，逐步回歸正常；沒想到，九月二十六日上午七點多又發生芮氏規模六．八的餘震，原本已經搬回院內的器材和病人，再度回到戶外。

這次，埔基認知到，這將是場長期抗戰，於是由包括施金水在內的五、六位院內工務單位員工，負責優化原本的「野戰醫院」，例如：將帳篷當診間，同時找來五十幾個貨櫃，建置為病房和開刀房、產房；以五天時間，完成貨櫃病房建置氧氣鋼瓶、病床、燈光、冷氣等基本配備；架設好貨櫃開刀房、產房心電圖機、超音波儀、移動式X光機，讓外科醫師能夠在貨櫃裡開刀、縫合傷口，產婦可以在貨櫃裡迎接新生命。

第一時間搶救醫療設備

不過，相對來說，埔基的情況還算簡單；位於震央集集鎮西南邊，距離集集只有九公里的竹山秀傳，是九二一大地震中受損最嚴重的醫院。

當時，住在台中的竹山秀傳醫工課課長張才義被天搖地動晃醒後，試圖聯絡在醫院住宿的醫工課同仁，但是電話聲音斷斷續續，他只聽到同仁說：「一切都還好，就只有漏水、斷電。」

「醫院斷電就是個大危機啊！」張才義心裡驚呼不妙，天一亮馬上從台中趕回醫院，「一路上，台三線竟然都沒有車。」

他愈開愈納悶，到了通往竹山秀傳的主要道路——名竹大橋橋頭，才發現整座橋都因為地震被震垮了！當下，他只能望著名竹大橋另一端的醫院興嘆；而同一條由名間前往竹山秀傳的道路，也因為整條隆起，導致車輛無法通行。

最後，張才義改走從集集鎮進入竹山的路，繞了好一大圈，經過一路的斷垣殘壁，好不容易才終於回到醫院。儘管已經有心理準備，但看到醫療大樓在地震後外觀已經面目全非，外牆磁磚掉滿地，玻璃門窗破的破、碎的碎，天花板的輕鋼架整個被震垮到地上，他仍然難掩震驚與難受，還好院內病人即時撤離到醫院對面的空地，沒有造成太大的傷亡。

竹山秀傳因為地震阻斷了對外聯絡的道路，因而沒有湧入太多的受傷民眾，但因為醫院建築已經嚴重毀損，除了重症病人得立即想辦法轉出，其餘兩百多位輕、中症住院病人仍需要安置及治療。

時任竹山秀傳院長謝輝龍立刻開展善後行動。當下，張才義和醫工課同仁第一時間將需要的醫儀設備全部搬到院外空地，搭起臨時帳篷，安置好所需設備，設立急救站。

把貨櫃屋變成診間與病房

回想當時，張才義最感動的是偏鄉濃厚的人情味。儘管每個人家裡或多或少都有災情，但院內員工、竹山居民全都動起來，幫忙搬儀器設備，就怕再來餘震，壓垮更多醫院的儀器設備。

但，和時間賽跑的壓力下，難免會有形形色色的意外狀況。

張才義記得，院內某單位擔心電腦被壓壞、儲存的資料付之一炬，情急之下為了搬電腦，竟直接將電線剪斷……

「為了這條電線，後來醫院多花了十幾萬元，」他苦笑著說，看到的時候也很傻眼，不過這也看得出當時大家心中的焦慮和著急。

竹山秀傳受創嚴重，重建之路漫長，謝輝龍很快決定，將組合屋變成開刀房、把鐵皮貨櫃屋隔成一間間的診間及病房，展開長期抗戰。這些，都由醫工課擔起重責，如果不是平常便練就一身功夫，恐怕難以勝任。

「當時，一座一座的貨櫃，就是一個一個的功能單位，」張才義細數，這座是胃鏡室、那座是檢驗科……，每座貨櫃需要不同的醫儀設備，都得靠醫工課和各科室合作無間，將「貨櫃醫院」設置完成。

至於組合屋開刀房所需的各項開刀設備，「多虧醫工課平時與廠商維持良性互動，才能在緊急時刻調度到這些重要醫療資源，」他忍不住感慨，院內開刀房搬不出來的大型消毒鍋、拆不下來的手術燈，都是各家廠商二話不說，從北部、中部用大貨車載運下來，「這就是醫工師的價值。」

九二一大地震後的一個半月，當時的副總統連戰於十一月六日應邀參加竹山秀傳「貨櫃醫院啟用儀式」，並公開表揚竹山秀傳不畏災後惡劣環境，展現驚人復原效率，提供大竹山地區災民最迫切需要的醫療服務。

然而，走過地震的衝擊，醫工師又有另一個挑戰接踵而來。

大疫爆發，挑戰緊急調度能力

二〇〇三年三月初，第一個可能感染嚴重急性呼吸道症候群（SARS）的台商到台大醫院急診室就診，台灣自此陷入為期一百二十天的SARS危機，直到七月五日世界衛生組織（WHO）宣布台灣自SARS病例集中區除名。這期間，台灣共有三千零二十九個SARS通報病例，其中可能病例六百七十四人，八十四人因此死亡。

> 每件小事，都是讓每道防線能夠確實發揮作用的關鍵。
>
> ——張韶良．羅東博愛、秀傳醫療體系 醫學工程顧問

當時，全台各大醫院的醫工師眼見醫儀設備整合資源不足留下遺憾，從那時起，包括中華民國生物醫學工程學會（簡稱醫工學會）在內的醫工人相關研討會，便常以SARS為案例討論、超前部署，就是希望如果有一天疫情捲土重來，醫工人已經做好萬全準備。

果不其然，二〇一九年年底，當時的衛福部疾管署副署長羅一鈞意外揭發新冠肺炎疫情，但對比SARS期間經歷的恐慌與創傷，這次面對新冠肺炎的衝擊，包括在醫療第一現場的醫工師，都有了更多準備與因應。

中原生物醫學工程系兼任講師朱湘麟，長期投入台北榮民總醫院、國泰綜合醫院等醫學中心的醫工專業領域，在第一現場歷經SARS及新冠肺炎兩個相隔十六年的台灣大疫。

二〇二〇年年初，任職國泰綜合醫院總務室副主任的朱湘麟正打算趁著農曆過年出國，連機票都買好了，沒想到台灣爆發新冠肺炎疫情，只能取消原訂行程，投入醫院防疫工作。

後勤先鋒提前作業

曾經經歷SARS的震撼教育，朱湘麟當時第一念頭就是：如果SARS重演，國泰院內一下子湧入大量病人，需要的呼吸相關醫儀設備準備好了嗎？

「舉凡醫療物資、病房改建及醫療儀器，都得在最短時間內和一觸即發的疫情賽跑，」朱湘麟強調，新冠肺炎疫情來得又急又快，醫工師、工務和總務是醫院的後勤先鋒，他立即發動相關工作人員，全力投入。

還好，「前一年（二〇一八），醫工組、總務部和資訊部、品管中心及護理部等相關單位就合作開發出『醫療儀器保養維護行動智慧化系統』，該系統獲得醫策會當年度『國家醫療品質獎』智慧醫療類佳作和標章，可以即刻盤點院內和肺炎相關的儀器設備，如：呼吸器、生理監視器等，」他自豪地說，當時國泰在短時間內就整理出哪些設備可以使用、哪些需要加強採購，避免重複投資既有設備的浪費。

當其他醫院尚在兵荒馬亂之際，國泰不但有了清楚的清單，也已經展開最高規格的維修保養，確認醫療儀器維持高妥善率，枕戈待旦。

防疫大作戰，「糧草」有了，再來就是病房的規劃。

要收治新冠肺炎確診者，必須有足夠的負壓隔離病房，否則很可能讓疫情擴散更加惡化。尤其，國泰位在台北市大安區，人口稠密的黃金地段，一旦發生意外，可能波及全台北市。

急如星火的當下，國泰醫工組和工務組、感染科緊急討論數次，決定將確診病人治療期間需要入住的負壓隔離病房建置在高樓層，用樓層來做最初步的隔離，減少人員接觸、降低染疫風險，並施做專屬排氣管路及高效率空氣微粒過濾裝置（HEPA），築起感染防線，也讓醫院附近居民安心。

緊急拉線，重新規劃加護病房

院內的加護病房又該如何因應新冠肺炎重新配置？也是醫工組的考驗。朱湘麟指出，台灣一般醫療院所的加護病房護理站都會建置在病房中央，以方便照顧病人，但這樣的工作便利遇上新冠肺炎，形同「汙染區」包圍「乾淨區」，大幅提高長時間在汙染區內工作的醫護人員被感染的風險。

「國泰有一個優勢，就是我們醫院的建築是長條形的，」他回憶，當時醫工組將病房以交通號誌「紅綠燈」的概念，區分為紅色的汙染區、黃色的緩衝區與綠色的乾淨區，病房設在「紅區」，原本設於中間的中央護理站則往外移到「綠區」，利用網路將病人需要監控的生理訊息全部傳送至中央護理站，醫護人員可以在綠區工作，必要時才進「紅區」（病房）照顧病人，大幅減少染疫機會，讓醫護都鬆了一大口氣。

如今看似簡單的一個行動，當時負責執行的醫工組卻得克服許多挑戰。

朱湘麟回想當時，七樓兩間加起來約有三十床的加護病房，醫工組必須在二十四小時內重新布線，每個病床床邊用來監測病人生命跡象的儀器，包括：心跳、呼吸、血壓及血氧飽和濃度的病床生理監視器，全都得將線路拉到乾淨區。「這根本是不可能發生的事！」時隔五年，朱湘麟想起硬著頭皮接下任務的感覺，還是非常鮮明。

「床邊生理監視器這種高精密度的電腦醫儀設備，通常設置好了就不會再移動……」儘管已經是醫工老鳥，但他坦言：「我從來、從來沒有想過，會有『重新拉線』這樣的挑戰，而且還是一天兩間加護病房。」

完成了這個不可能的任務，他總算放下心裡的大石頭，回家好好睡了一大覺。隔天起床，再繼續和新冠肺炎這場百年大疫纏鬥。

新冠肺炎疫情期間，醫療院所人員進出管制嚴格，許多負責維修設備的廠商無法進到醫院進行定期維修保養。何況，這不是一、兩天的事。怎麼辦？這個責任當然也落到醫工師身上。

朱湘麟舉例，牙醫門診診間有許多需要定期保養的精密醫儀設備，若沒有保養便無法使用。為了讓需要治療的民眾不受影響，國泰醫工組請廠商就維修、保養步驟與細節等方面加強教育訓練，然後利用牙科門診結束後全體總動員，到診間完成設備大保養，直到深夜全部完成才回家。儘管每個醫工師都累翻了，但想到牙醫師們可以無縫接軌隔天一早的門診，就覺得一切都是值得的。

練就一身自主應變的功夫

疫情期間每一家醫院門口擺放的紅外線體溫量測攝影機和額溫槍，看似

“

防災有成，其實是在災害發生前，就把可能的風險降至最低。

——**張世鴻**．花蓮門諾醫院醫工室主任

”

簡單，其實也少不了醫工師的精準校正。

羅東博愛、秀傳醫療體系醫工顧問張韶良，服役後便回鄉投入宜蘭羅東博愛醫院醫工室工作，這是他的第一份工作，一做便是二十七年，從工程師做到醫院執行長室特助。他回憶在那個只有九彎十八拐的北宜公路及近三．五小時車程的北部濱海公路交通下，宜蘭幾乎是全台離台北最遠的地方，醫儀廠商的支援遠不如其他地區便利，一、兩天後到院是常態，「我們早就練就一身自主應變的功夫，在最緊急的時候自主應變、支援臨床工作。」

張韶良舉例，九二一大地震後，洗腎室水處理室出問題，但廠商根本無法到院，於是他帶著同仁在半夜花了三小時，重建洗腎室的供水管路，「早上七點第一位到

院的腎友，跟平常一樣走入洗腎室透析，彷彿什麼事都沒有發生。」要說有什麼跟平常不同的，只有那時的水處理室裡躺著三個累癱的醫工師。這就是在那種環境下磨練出來的成果。

二〇一七年，張韶良利用累積多年的專業經驗開始全台跑透透，推廣醫院醫療儀器全生命週期及報表分析管理架構，同時協助並提供偏鄉及資源缺乏的醫院醫工師，改善既有的醫儀管理及與臨床單位的溝通做法與經驗；到了二〇一九年的新冠肺炎疫情期間，經歷過當年SARS衝擊的他也提供各家醫院規劃防疫動線、紅外線攝影機、額溫槍的使用及調整方式，發揮醫工人專業、互助的精神與價值。

他解釋，在疫情期間，溫度量測設備炙手可熱，產能跟不上需求的熱度，往往有錢還不一定能買得到，醫療用的耳溫槍更是如此，所以，當時有一種應變的做法，是採取三層篩選方式——紅外線攝影機是第一線管制，粗篩出溫度異常的人，接著再改用額溫槍量測篩選，再有異常才用醫療用的耳溫槍精確測量。因此，疫情期間在許多醫院都可以看見大門口擺放著紅外線攝影機及額溫槍。

因地制宜，讓所有防線奏效

然而，很多醫院都有一個共同困擾：「體溫量起來怎麼那麼變化多端？」其實，紅外線攝影機並非醫療儀器，但在疫情期間仍不失為一項初篩的便利工具。因此，後來有醫工人研究紅外線攝影機的原理、特性後，找出背景溫度可能如何影響體溫量測的正確性，建議在清晨、中午、傍晚時，分別調整設備的背景溫度感應差，同時每家醫院也應該因地制宜，調整進出動線。雖然這些頻繁的動態調校加重了醫工師的工作負擔，但也確實幫助了醫院的整體防疫措施，有效地守住大門。

張韶良舉例提到，中部有間病人眾多的醫院，大門口經常同時湧入二、三十位民眾，在疫情初期，功能簡單的紅外線攝影機無法同時應付這樣的人群，形同虛設。張韶良就建議院方調整動線，讓民眾進入醫院時可以排成一列魚貫而入，設備才有足夠時間反應每個人的體溫，背景溫度也較好控制，可以減少溫度落差或必須頻繁調校的情況。

另一個例子，則是低溫影響了額溫量測的結果。那是一間臨海的醫院，強勁的海風讓入院民眾額頭總是冷冰冰的，使用額溫槍量測時便經常聽到低溫警示音此起彼落，同樣失去準確性。因此，張韶良建議院方，請病人拉下領口或捲起袖口，改用額溫槍量測脖子或手腕動脈處的體溫，立刻有效降低假警報的頻率。

這些事後來看，或許都是些小事，但「每件小事，都是讓每道防線能夠確實發揮作用的關鍵，」他語重心長地說。

二〇二四年四月三日，花蓮發生規模七．二的大地震再次震撼全台。

「還好嗎？」

地震後花蓮基督教門諾醫院醫工室主任張世鴻接到廠商的問候，但問的不是「醫院還好嗎」，而是關心之前引進的一六〇切電腦斷層掃描儀。

沒有神預測

「機櫃、主機有沒有跑掉或撞擊受損？」廠商十分關心。

因為還沒驗收，廠商聽到「沒事」的時候，隱約可以聽出開心且鬆了一口氣的聲音，並且稱讚醫工室是「神預測」。

「其實，哪有什麼神預測，」張世鴻說，「我們是經歷過二〇一八年二月六日花蓮大地震，當時儀器設備損害不少，從那次經驗中學習到哪些儀器設備需要加強做防震固定，例如：放射類、核醫類、心導管機、手術燈、懸吊設備、高級醫學影像螢幕、洗腎機用RO系統、檢驗／病理貴重設備……，都在那次地震後完成固定，避免災害再發生。」

花蓮門諾在二〇二三年五月、二〇二四年二月，分別引進了五一二切電腦斷層及一六〇切電腦斷層掃描儀，儀器安裝過程中，醫工師幾乎每天去關心安裝進度，並在主機定位後特別注意固定方式是否確實。

防災要在災害發生前

事實上，機櫃安置前，醫工師都會在合約載明需要做防震固定，然而等到真正安裝時，廠商往往會忽略或忘記這件事。

但，「這是一定要完成的事，」張世鴻直言，有時廠商會說：「機櫃那麼重，地震不可能搖動到跑掉。」但因為經歷過，所以他很堅持。

最後，廠商抵不過花蓮門諾醫工團隊的堅持，依合約把機櫃固定好，並且由醫院的醫工、職安人員及廠商共同確認安全後才算完成。那台一六〇切的電腦斷層設備，就在二〇二四年三月底完成所有機櫃防震固定，「當時儀器商都覺得我們很龜毛，」張世鴻分享。

然而「龜毛」的結果是，在四月三日花蓮大地震之後，張世鴻陸續接到許多廠商問候是否需要協助時，他可以微笑回應：「謝謝，目前不用。」能夠說出這句話，在於醫工師的經驗與堅持，「大家說的『防災有成』，其實是在災害發生前，就把可能的風險降至最低，」張世鴻語調平靜，所說的話卻發人深省。

從大地震到傳染病疫情，都是造成台灣生命損傷的浩劫，當第一線醫護肩負起搶救生命、與死神拔河的艱困任務之際，這群默默付出的醫工師在大大小小事件中不曾缺席，以各種不同角色應變處理醫療現場層出不窮的緊急事件，建構出一張醫療硬體資源綿密的防護網，讓救治不中斷。

2 遠鄉特攻隊

機動應變，保障民眾健康

偏鄉及離島資源有限，醫工團隊依舊盡心盡力，從協助遠距診療計畫、設備規劃建置到後續服務，他們的專業不只獲得臨床醫護人員及居民的肯定，也讓城鄉差距不再是令人絕望的落差。

偏遠地區因為地理與交通的限制，導致醫療照護資源經常捉襟見肘，人力不足、儀器老舊……。但是，現實的盡頭就是人的開端，一群醫工師用愛、專業與創意，彌補了其中的欠缺。

花蓮門諾醫工室主任張世鴻，彰化人，在後山一待就是三十年，大半人生奉獻給這個工作。

「很多老同學已經從電機大廠退休，每天爬山、打高爾夫球，我還在這裡修理醫療儀器，」他笑笑說：「醫學工程師的薪資比不上其他產業的工程師，在花蓮的薪水也遠不如都會區，但很值得。」

成為醫療設備的醫師

哪裡值得？

張世鴻就讀國立高雄工專時，參加學校的社會服務社，每年寒暑假到偏鄉離島幫忙修理電扇、收音機、電視，受到居民的熱情感謝。「我貢獻小小力量，卻讓大家把我當英雄，」年少時的感動深植在張世鴻心裡，成為他堅持的力量。

有電子電機的背景的他，原本有機會到相關大廠工作，然而小時候曾目睹路人因心臟病發在面前離世，深感生命無常，讓他萌生：「如果我能當醫師救人該有多好！」的念頭。但之後他一路走技職體系，沒能如願報考醫學院，只是心裡那個希望成為醫師的願望始終不曾磨滅。

畢業後，張世鴻到花蓮當兵，退伍前看到門諾醫院醫工課的徵人告示，他心想：「我回彰化老家找個電機相關工作很容易，但花蓮要找到一個醫儀設備工程師，卻不是那麼容易。」

繼續精進專業

當不成「醫人的醫師」，但能夠當「醫儀設備的醫師」，也是在救人。抱持著這樣的心情，他在取得父母同意後，再度離鄉背井去花蓮工作。

張世鴻初到門諾醫院工作時，醫工課剛剛草創。醫工師的基本職責，就是維修和保養醫療儀器，以他的專業來說，這些工作游刃有餘，不過他希望發揮更大的價值，因此陸續在職攻讀慈濟科大醫務管理系及慈濟大學醫學資訊研究所，繼續專業上的精進。

邊工作邊念書雖然辛苦，但他認為很有收穫：「補強醫管和醫學資訊領域，讓我更能規劃與解決臨床醫護人員的需要，視野也變得更全面。」

原住民健康的守護者

在高山林立的花蓮，門諾醫院一直是原住民的健康守護者。醫院創立初期，宣教士和醫護人員開著軍用卡車，載上藥品、罐頭等補給品深入部落，跋山涉水展開巡迴醫療，這樣的關懷延續至今，只是形式隨著時代進步漸漸改變。

現在醫院同仁除了開著巡迴醫療車深入山區，也借助科技展開遠距醫療，讓山上居民不用為了看病，得忍受長途顛簸之苦。而醫工師在其中扮演的角色，除了協力建置功能完善的行動醫療車，也負責評估山區診療室的醫療儀器動線、架設模板及機組，和醫護人員共同守護居民健康。

哪裡有需要，就往哪裡去

設施建置完成後，醫工團隊的任務並非就此結束，之後只要坐在醫院裡吹冷氣做事。他們還得經常和醫護人員一起上山，確保所有儀器正常運作。張世鴻說：「哪裡有需要，我們就往哪裡去。」

二〇二二年九月十八日，台灣發生芮氏規模六．八的「九一八強震」，震央在台東縣關山鎮。鄰近的花蓮縣玉里鎮受創嚴重，位在偏鄉部落的加蜜山教會緊急向門諾醫院求援。

原來，二〇〇六年門諾醫院就在當地設立牙科門診室，長年提供牙科

“
當不成「醫人的醫師」，但能夠當「醫儀設備的醫師」，也是在救人。

——張世鴻．花蓮門諾醫院醫工室主任
”

診療服務，洗牙、補牙、治療蛀牙，統統都靠它。而高山上沒有自來水，住民日常起居清潔、洗滌都仰賴山泉水，地震後水質改變，山泉帶著大量泥沙，淤積在牙科機器裡，導致設備故障無法使用。

接獲通知後，醫工團隊趕上山，開始清沙、消毒並架設淨化水質的設備，讓牙科門診室在短時間內恢復正常運作，牙科醫師可以正常看診，偏鄉民眾不用再花一天時間往返花蓮市看牙齒。

偏鄉資源有限，每分錢都要花在刀口上，醫工團隊更是盡心盡力，希望用「畢生絕學」，讓偏鄉居民也能使用先進儀器，擁有高品質的醫療服務。

有一次，門諾醫院一台用了二十年的神經外科手術顯微鏡故障，向原廠報修，廠商開價四十八萬元。醫護人員憂心地通報醫工室，張世鴻聽了，也眉頭一皺。

醫工團隊決定先自己動手檢修，發現是電源供應器故障，花了許久時間終於找到同型號的備品，更換後，這台高齡卻珍貴的手術顯微鏡又能正常使用了。結果只花了一萬八千元，醫院省下大筆經費用在更多地方，大家都非常開心。

還有一次，一台用了十一年的超音波儀故障，檢查發現是電路板出問題，如果送原廠維修，醫院又要掏出幾十萬元。張世鴻靈機一動，把另一台同廠牌準備報廢的老舊超音波儀電路板拆下，「器官移植」到故障的儀器上，成功讓它復活，繼續為病人效勞。

要錙銖必較，也要勇敢建言

能精簡的地方錙銖必較，該花的錢，醫工團隊也會勇敢建言。

花東地區許多民眾罹患心血管疾病，為了提升影像品質、縮短檢查時間、獲得更精準的診斷，門諾醫院在二〇二三年進行電腦斷層掃描儀汰換，醫工團隊評估後建議院方，以善心捐款購置「五一二切電腦斷層掃描儀」，可以在更短的掃描時間、更少的顯影劑量、更低的輻射劑量下，提供精準判讀報告，同時降低檢查的風險。

「運用善款做到最頂規，才不辜負捐款人的美意，」張世鴻說，如今，門諾醫院的醫療設備，有九成都達到醫學中心的水準。

因為醫工師的使命感與努力不懈，城鄉差距似乎不再是令人絕望的落差。同樣的努力成果也顯現在台灣南端的屏東基督教醫院上。

醫工師的天職與挑戰

這裡是南國居民最信賴的醫院之一，也是急症、重症病人的醫療後盾。

除了醫護人員高超的技術，同樣也需要完善的儀器設備。

「在醫院裡，醫師醫治病人、護理師照護病人，醫療照護使用的機器，誰來照顧？是我們醫學工程師！」屏基醫工組組長趙台駿對醫工專業同樣有強烈的使命感。

替醫院撙節開支，同時確保各個儀器設備正常運作，便是院內醫工師的天職與挑戰。他舉例，有一次，院內的肌電圖系統無法啟動，廠商建議整台更換，估價結果至少要一百萬元，「醫工師們想了想，最後以更換電源供應器的方式『救回』設備，而且只花了兩千元就搞定。」

還有一次，是泌尿科用的直腸超音波設備螢幕故障，廠商建議更換專用螢幕，報價十多萬元，但醫工組評估後，建議以類似規格的螢幕代替，醫師也確認這個方式可以正常使用，結果，只要四千元左右。

「類似的處理案例不勝枚舉，醫工師的專業也因此獲得臨床醫護人員的高度肯定，」趙台駿自豪地說。

有醫工師把關，醫院可以省下不少維修儀器的費用；當花錢也沒辦法解決問題的時候，更需要醫工師全力相挺與及時救援。

在生死一線間緊急搶修

某天，醫工室電話響起，是心導管室打來的求助電話：「趙組長快上來，病人在做心導管手術，檢查時導線斷訊了，剛好單位又沒有備用的！」

原來是一位心律不整病人電燒治療到一半時，電氣生理感測儀的導線突然斷掉，沒辦法繼續治療。情況緊急，即使儀器商就在醫院附近也無法及時趕到修理，更何況沒有高鐵、沒有高速公路的屏東？趙台駿接到電話後，評估可能發生的狀況，立刻帶著焊接工具等器材趕到導管室，快速修好機器。危機化解，醫護及醫工師們才鬆了一口氣，幸好沒有耽誤治療。

其實，對於這份工作重要性的體悟，早在趙台駿念大學時便已經存在。

就讀中原醫工系（現為生物醫學工程系）的趙台駿大三時到三總實習，看見各類醫療儀器，便心中暗忖：「醫院很需要像我這樣的人來維護儀器，比起到業界，在醫院更能發揮所長。」從此便立定志向在醫院當醫工師。

畢業後，趙台駿如願進入台大醫院工作，成為院內第一位醫工系畢業的醫工師。這期間，他除了維護院內醫療儀器，還運用專業與創意，協助皮膚科醫師以針管設計「小範圍真空取皮器」來植皮，成就感滿溢。

從都會醫院到地區醫院

老家在高雄的趙台駿後來決定返鄉工作，在剛開院的高雄榮總擔任醫工師，從醫院草創之初架設貴重儀器，如：滅菌鍋、手術室及加護病房設備、電源及空調管線預設等，到醫院正式營運後進行全院醫療儀器的管理、維護保養，「可以說全院各單位的醫療儀器都摸過了。」

醫師醫治病人、護理師照護病人，醫療照護使用的機器誰來照顧？是我們醫學工程師！

——**趙台駿**・屏東基督教醫院醫工組組長

這期間他也不斷精進自己，在職進修完成義守大學醫工研究所的學業，結合實務與學術，專業更上層樓。

在兩所大型醫院歷練三十年，到了可以退休的年紀，趙台駿輾轉得知屏基缺少醫工師，不僅儀器沒人維修，更沒有醫工相關的管理制度，醫院評鑑成績不佳，院方非常苦惱。心裡有個聲音呼喚著趙台駿，彷彿是上帝為他預備的一扇門，「我的專業、我的信仰，告訴我應該來這裡奉獻。」

二〇一二年七月，趙台駿從高榮退休轉到屏基服務。在台北、高雄等都會地區工作大半輩子，到屏基工作後，趙台駿深刻體驗到了「城鄉差距」，而地區醫院醫療資源缺乏，更顯出醫工師的重要性。

他至今仍印象深刻的一件事，就是：「到職一個月後，就開始醫院評鑑。」

趙台駿一邊招募醫工師，一邊訂定醫工業務相關管理制度：高風險設備必須分類、定期保養，每台醫療儀器都得「掛卡」，貼好標籤代表已經檢測。

儀器維護人員也要規範。他要求臨床單位安排專責人員認養醫療儀器的初級保養，定期開機檢測功能、清除灰塵，讓儀器處於隨時可用的狀態與功能；醫工人員則主責二級保養，確認醫療儀器的功能是否正常運作，例如：蓄電池、用電安全、是否漏電等，還有電擊器要測試電擊能量、心電圖機必須有輸送模擬數據，以及輸液幫浦測試數值是否正確，並進行校驗或校正資料補齊。

「經過一個月的全力準備，考試成績從丁等到甲等，大幅躍進！」趙台駿放下心中大石。

看到醫工師的專業，屏基決定成立醫工組，每個成員都必須擁有醫工專業證書，負責醫院醫療儀器採購評估、安裝、驗收、制定高風險儀器設備的維護保養與合約簽訂及校正管理機制，以確保病人安全與醫療品質，終於一切慢慢步上軌道。

醫院的醫工師為提升地區醫療致力提供專業，在產業界工作的醫儀業務工程師同樣也善盡己力，為偏鄉居民服務。

深入比離島更離島的地方

為了照顧偏鄉離島居民，衛福部從二〇二〇年年底開始推動「全民健康保險遠距醫療計畫」，由專科醫師透過視訊方式與偏遠地區在地醫師共同診察病人，目前提供眼科、耳鼻喉科、皮膚科、心臟內科、腸胃科、神經內科、胸腔科及急診科的遠距會診。打破地理限制，這個計畫已照顧了數十萬計的民眾，讓他們獲得更好的醫療照顧。其中的功臣，除了醫護人員，還有醫工專業的介入。

楊智淵是永欣儀器業務工程師，配合政府的遠距診療政策，站在醫工及廠商的立場提供意見、協助醫院，並推廣偏鄉離島眼科預防篩檢及義診服務。有別於其他醫工師，他的工作性質必須到處旅行，身上總是背著大背包，有時還要拖著行李箱，裡面大部分都是裝著設備所需的工具及零件。

從中原醫工系畢業後，他曾擔任電腦斷層掃描工程師、洗腎機維修工程師、醫學影像系統銷售及規劃等相關工作，也曾在醫學中心擔任醫工師。在接觸遠距診療後，深感醫工專業的重要，於是重拾書本進修碩士，取得中國醫藥大學科技管理學位，碩士論文探討的便是「醫療資源不足地區遠距診療系統建置之決策分析」，並且獲得二〇二二年第十五屆「崇越論文大賞」一般管理組的佳作。

為了協助遠距診療計畫，從設備規劃建置到後續服務，楊智淵開車、坐火車、乘船、搭國內班機，偏鄉離島跑透透，馬祖、金門、澎湖，台東、花蓮、屏東……，都有他的足跡；即使人不在現場，開診檢查若發生故障，就要立即透過視訊，即時處理當下狀況。

看天吃飯，還要身兼數職

楊智淵提到：「我到澎湖望安鄉將軍嶼好幾次，為的是建置遠距診療門診設備。」將軍嶼是離島中的離島，要到當地得先搭機飛到澎湖，再搭船一小時。但，光是從台灣本島出發到澎湖，便開啟一連串「看天吃飯」的旅程——若是離島上空起濃霧，飛機就無法起降；即使到了澎湖，若是風太大、霧太濃，則不能開船……，這時要花的時間就更超乎想像了。

即使千辛萬苦抵達，若是碰到機器故障，需要現場維修，又是另一重考驗。澎湖沒有醫工師，楊智淵只得身兼數職，在臨床端與遠距端之間負責溝通協調及建置連線，排除設備故障、確認流程順暢。

有時現場人員不足，他也需要協助操作設備，將檢查結果透過護理人員交醫師判讀，以便快速完成檢查流程；或者，他必須協調檢查流程、加快腳步，讓民眾可以快速且放心地看完遠距診療門診。

因為交通不便，偏鄉義診的壓力非常多元。

楊智淵記得，第一次到台東長濱鄉協助義診工作時，從台東市到長濱約兩小時車程中，沿路的好山好水他根本無暇欣賞，滿心只想著設備是否帶得齊全。終於抵達現場住宿點，誰知道，「居然還是漏帶電源延長線，只好連夜找五金材料行採買，因為沒有延長線，隔天有些儀器就無法使用了。」

不想讓病人失望，壓力再大也甘心

楊智淵忍不住感慨，在醫院當醫工師時，機器故障可以找廠商討論或提供料件測試功能，隨處都有備援。但是偏鄉不同，只能依靠自己身上攜帶的東西，醫療設備故障就是要想辦法修復，而且還要符合使用的安全規範，像

“

無論如何，盡全力做就對了！

——**楊智淵**．永欣儀器業務工程師

”

是如果遺漏附有接地端的三接頭，這場義診很可能就無法進行，現場等待的病人也會很失望。

離島交通經常受天氣阻礙，也是造成器材維修不易的一大困難。他曾遇過眼科檢查必不可少的重要儀器「裂隙燈」目鏡故障，在都會城市區很快就能處理好，在將軍嶼卻需要兩個月才能取得零件完成更換。

為了讓需要的民眾都得到幫助，楊智淵快速累積經驗，見招拆招。

有次他到金門協助義診，到了現場，發現牙科診療桌椅不足，靈機一動，就把幾個用來搬運器材的行李箱堆疊起來當桌子，架上洗牙設備，再搬來一旁的折疊椅權充診療椅，義診總算順利開始。

義診現場，楊智淵配合眼科醫師，協助操作眼科設備進行眼底檢查——那是需要暗室及點散瞳劑才能做的檢查，可是現場是社區活動中心，甚至是操場，根本沒有適合環境做檢查；甚至，散瞳期間視力會變模糊、畏光持續六至八小時，因此使用後不宜自行駕駛返家，對老人和當地居民頗為不便。

怎麼辦？只能用罩布蓋住老奶奶頭部，克難營造暗室環境，讓檢查得以進行。

還有一回，楊智淵到馬祖後，發現遠距設備中的數位裂隙燈升降桌無法升降，他與現場工作人員只能先用升降油壓推車把檢查桌放到車上，檢查才得以進行，之後楊智淵再安排時間進行維修。

辛苦的汗水沒有白流

「狀況百百種！」楊智淵直言，在資源缺乏的地區會碰到很多難以想像的事，每一件都在考驗醫工人的應變能力，而且，「別的醫工最多一個人顧一間或一個體系，我是一個人要顧很多間、不同科別的設備，只能變成『小叮噹』，把心臟練大顆一點、臨場反應好一點，並且善用視訊對話，教導現場醫護如何快速排除故障。」

這幾年，楊智淵跑遍偏鄉離島，他發現，在政府和民間共同努力下，偏遠地區的醫療品質已經顯著提升。科技縮短了醫病距離，這些翻轉讓辛苦的汗水沒有白流，他熱情地說：「無論如何，盡全力做就對了！」

3 山地衝鋒隊

以一當十的幕後英雄

沒有醫學中心相對充裕的人員配置，
也缺乏大城市裡醫院的地利之便，
這一群醫工師不怕辛苦、鞭策自己練就十八般武藝，
也讓醫工師的專業地位再往前邁進一大步。

週末的玉山登山口，幾位男男女女背著大紅色背包，背包上還有一個大大的白色十字，說明他們的身分。這群人，是「玉山醫療隊」成員，來自竹山秀傳的醫護人員；他們的大背包裡裝著醫療器材、藥品，重達十幾公斤，

唯一的交通工具是「一一一號公車」，全員徒步八、九公里，準備到「排雲山莊」義診。

稜線上的守護者

有人說：「一輩子一定要爬一次玉山。」可是，墜崖、失溫、高山症……，每年總有不少意外事件發生，造成一個乃至數個家庭的遺憾。二〇〇三年，在現任竹山秀傳院長莊碧焜的號召下，成立了「玉山醫療隊」。

這一做，便是二十年。有「醫界奧斯卡金像獎」之稱的「中華民國醫療奉獻獎」，在二〇二三年十月將每年唯一的團體獎項，頒給南投縣竹山秀傳的玉山醫療隊。

「院區就在玉山山腳下，我們責無旁貸……」莊碧焜曾在媒體表示，因為竹山秀傳就在那裡，理所當然要守護這個地方。每逢週末，玉山醫療隊便駐守在海拔約三千四百公尺的排雲醫療站，守護山友。

其中，像是阻礙攻頂玉山的「大魔王」——急性高山症，玉山醫療隊最近六年就救治了將近四千位病人。

要即時搶救高山症，除了醫護人員的專業戰鬥力，還得有精良的武器——攜帶型加壓艙（PAC）。這個紅色、長得像大型膠囊的加壓艙，藉由模擬海拔下降至一千五百公尺左右的氣壓，使高山症病人順利恢復血氧量，舒緩症狀。

排雲醫療站的幕後功臣

排雲醫療站常年必備的醫療器材設備，從血壓計、手持式超音波儀、氧氣機、血氧機到攜帶型加壓艙，需要什麼、可以安置什麼，竹山秀傳的醫工師都會加入先遣部隊，親自到現場探勘。

一九九七年竹山秀傳啟用後便加入團隊的醫工課課長張才義，就是那位一路跟著玉山醫療隊隊長莊碧焜建置排雲醫療站的先遣部隊成員之一。回想第一次上到排雲山莊探勘，張才義坦言路途遙遠又崎嶇，實在是個考驗，但「想到可以為從全球各地到玉山朝聖的登山客提供高山緊急醫療救護，一切的辛苦就不算什麼。」

二〇一三年，玉山醫療隊進一步在排雲醫療站導入遠距醫療，同樣是由包括張才義在內的團隊上山探勘後建置起來的醫療系統，安裝定點生理量測機器，量測血壓、血糖、心跳、血氧、心電圖……，透過網路傳輸就能和山下的竹山秀傳急診室建立起二十四小時即時會診服務，讓急診醫師跨越時間與空間限制，即時判讀數值並提出醫療照護建議。

二十年來一步一腳印，稱竹山秀傳的醫工師為排雲醫療站的幕後功臣，絕對不為過。

說起來，張才義其實是竹山秀傳醫工課天字第一號，也是當時唯一一位醫工師，平日在院內身兼三職就很忙，還要顧及排雲醫療站，工作的緊湊感可見一斑。

他指出，彰化秀傳是中部醫療院所編制醫學工程團隊的先驅，在規劃同體系的竹山秀傳時，比照設置醫工課，但是彰化秀傳所在地區相對較為都會，兩院醫工師的工作自然也有差別，「像我，進醫院時是醫工，沒過多久又兼採購，九二一地震後再兼資材。」

正向思考，強化橫向連結能力

因緣際會下，一九九七年竹山秀傳啟用後不久，醫工系畢業的張才義從台北南下任職，一待二十五年。他總這麼形容自己的工作任務：「醫工師管《醫療器材管理法》定義的醫療器材、採購管醫療器材買或不買、資材管庫存進出，我基本上就是全包了，一個人當三個人用。」

“

儀器汰舊換新時，舊的絕對不會馬上丟，若是新設備臨時故障，立刻有備用品可以上陣。

——**張才義**．竹山秀傳醫院醫工課課長

”

這種情況，一直維持到二〇二三年竹山秀傳組織變動，醫工、採購、資材分家，張才義回歸醫工師專業，負責院內小從血壓計，大到電腦斷層掃描儀、磁振造影儀、心導管機等上百種醫療器材。

和許多地區醫院相同，竹山秀傳醫工師面對的最大困難和挑戰，也是極為拮据的資源。

張才義以「門庭若市」形容市區醫院醫療器材廠商造訪的頻繁程度，相對來說，在玉山山腳下、距離台中市將近六十公里的竹山秀傳，因為經濟規模小，廠商一年到那裡的次數，五隻手指頭都數得出來。

不過，「這也沒什麼不好，反倒讓我跟周邊醫院的橫向聯繫更緊密，具有維持各種合作關係的應變能力，」對於這種別人可能十分煩惱的狀況，他樂觀以對。

一人撐全場二十多年，張才義很清楚他沒辦法樣樣精通，加上醫儀設備日益精密，於是他轉個彎，重新定位竹山秀傳的醫工師工作——放射科的醫療器材、電腦斷層掃描儀、X光機等重大設備，委外由廠商維護，醫工師則負責控制費用、監督維修品質；其餘基礎、簡易的醫療設備，雖然品項繁雜，但通常問題不大，相對來說較容易解決，便由醫工師負責維修。

確保每樣儀器、設備都有B計畫

張才義也會想辦法，讓每樣器材、設備都有備用的「B計畫」。他舉例，像是要汰舊換新，舊的絕對不會馬上丟，這樣若是新的機器設備臨時故障，廠商又沒辦法及時趕到，便立刻有備用品可以上陣。

張才義記得，在沒有採取這種做法前，某次醫院唯一一台電腦斷層掃描儀有個零件壞了，維修廠商再快也要一天才能修好，當時還沒有執行B計畫，結果當天的電腦斷層檢查全都無法進行，急診與情況危急的病人只能用救護車轉到鄰近醫院，做完檢查再回竹山秀傳。

輕輕搖頭，張才義嘆了口氣，說：「這大概是都市醫院或醫學中心的醫工師難以想像的局面吧！」

醫工師在醫院裡一夫當關的場景，不僅出現在竹山秀傳，同樣位在南投縣、有「台灣海拔最高醫院」之稱的埔基，也有同樣的情況。

目前在埔基醫展室負責院務企劃專案的「阿水伯」施金水，已經在埔基服務二十多年，是埔基醫工第一人。

剛開始，他的工作內容是總務兼工務，而當時醫院儀器設備的維修、保養也都屬於工務的業務範疇，於是他便身兼總務、工務、醫工師，也是一個人當三個人用。

工作辛苦嗎？

「不會啦！要說辛苦，哪個工作不辛苦，做習慣就好了，」施金水純樸的臉上有著親切的笑容，讓人感覺他是真心樂在其中。

資源不足，一切靠自己摸索

不過，「城鄉醫療資源分配不均，挑戰還是滿大的，」話鋒一轉，他指出，鄉下醫院經濟規模不足，購買設備的預算相對不夠，設備買得少，請專門人力照顧醫療設備划不來；工務身兼醫工師，就得負責院內所有相關儀器設備簡單的維修、更換零件。

「所有，」施金水以略微上提的音調強調：「每一科的醫療儀器、設備、器械的操作過程、基本維修，我們都要了解喔！」

他舉例，耳鼻喉科醫師頭上戴的照明用頭燈、吸鼻涕的吸引器、抽痰機、看耳朵鼻子的五官鏡；牙科治療檯的吸口水機、洗牙時吹氣或吸氣一定要用到的空壓機、磨除牙齒上蛀牙部位的牙鑽手機；還有復健科的牽引機……，每一項醫療器材，如今他維修起來都已經易如反掌，但是當年沒人教他，一切全部都靠摸索。

一九九九年，九二一大地震重創埔基，重建後成為南投縣唯一的區域級醫院，院內醫療設備也隨之增加，需要有專屬人力維護，於是將「醫工」獨立出來隸屬在工務室之下。但，擔負的責任重了，醫工師也更忙碌了。

「我的身上隨時有兩支手機，每支都不離身，就怕漏掉各科的求救電話，」施金水比劃著說，只要有人打來，喊著：「阿水伯，機器不動了！」就得立刻飛奔到診間，看看是機器壞掉、管線被塞住，還是過濾有問題。這些都是當時他身為「醫工師」的工作日常。

超音波儀、X光機，全院有好幾台，真的沒辦法馬上修好還不要緊，如果是更精密、昂貴的特殊設備，比方電腦斷層掃描儀、磁振造影儀，「這些全院只有一台，一出狀況影響到的是跨科的運作，壓力就很大了，」或許真的是已經習以為常，談起這種光聽都感覺頭皮發麻的狀況，他還是眉頭一點不皺，笑笑著說。

忍不住問：「怎麼辦？」

「趕快聯絡委外的廠商，拜託他們趕快來，」施金水說。

但，埔基所在位置距離台中市區遙遠，在沒有國道六號的年代，一趟路要兩個小時，廠商一時半刻來不了，「這種時候就要當場判斷，是否相關作業就得暫停，將病人轉到鄰近的埔里榮民醫院完成檢查或治療，」說到這裡，他終於忍不住搖頭。

沒有，那就自行研發

更大的挑戰是，有時臨床醫師需要使用的器具，受限於成本太高等原因，醫院根本沒有引進。

「那就想辦法自行『研發』，」施金水說，他會參考已經有的設備，自己

“城鄉醫療資源分配不均挑戰滿大的，每一科儀器設備的操作、基本維修，我們都要了解！

——施金水 · 埔里基督教醫院醫展室院務專案企劃”

畫設計圖，做出替代品。

簡單的，像是骨科需要的固定夾、護板，他便將木頭削成木板，磨光後做成各種尺寸，讓骨折病人使用；比較複雜的也難不倒他，像是神經外科開顱手術時需要固定病人頭部和頸部的不鏽鋼顱骨夾，則是靠他和醫師討論、設計後，在埔里找車床設備廠做出成品，讓神經外科醫師可以使用。

二〇〇六年，元培科技大學醫工系（現為生物醫學工程系）畢業，也是南投人的洪政宏加入團隊，埔基終於迎來第一個醫工本科系專業訓練出身的醫工師。

「剛開始，我打電話跟各科說『我是醫工』，同事經常一頭霧水，」現任埔基醫工組組長洪政宏笑著說：「他們問我『義工？我們沒有需要喔！』」從一九五五年埔基成立以來，四、五十年都沒有這個職位，多數院內同仁還是對此感到些陌生，直到一次次解釋、共事之後，才讓大家慢慢習慣，了解「埔基有位專門負責維修醫儀設備的醫工師」。

每一秒都不能浪費

一步一腳印，洪政宏慢慢建立起「醫工師」在埔基同仁心目中的專業地位和角色，但他還是得面對不少挑戰，因為埔基醫工長年以來的人員編制都只有一個人，這對當時剛退伍初入職場的他確實造成不小的衝擊和震撼。

舉例來說，埔基長期投入山地醫療，二〇〇〇年開始參與健保署的「仁愛鄉醫療給付效益提升計畫」，在翠華村、力行村、法治村、互助村、大同村等地設有醫療站。山地醫療站的各種醫儀設備的建置與維護、保養，同樣由院內的醫工師負責。

「每次要到仁愛鄉維修或保養醫療器材，我的腦子裡就會開始浮現《西遊記》的畫面，因為真的很像唐僧師徒要去西天取經的道路，」洪政宏邊苦笑邊說。

仁愛鄉幅員一千二百七十四平方公里，面積比一個彰化縣還大，三十三個部落分布在海拔四百至一千三百多公尺的高山峻嶺中，最遠的翠華村距離埔基七十二公里，開車上山單程三小時，而且路況很差，往往下過雨就坍塌。而無論天候如何，維護這些山地醫療站醫儀設備的重責大任，有三、四年時間都是由洪政宏一人負責。

又比方說，埔基醫療資源少，卻守護著大埔里地區居民的健康，經常見到的情況是，五間開刀房從早到晚應接不暇，一台刀接著一台刀，幾乎沒有停過；如果其中一間開刀房的設備有問題而無法開刀，手術排程就會整個被打亂。偏偏，他就遇到了。

那一次，洪政宏正汗流浹背在開刀房兩台刀之間短暫的空檔搶修一個控制器有問題的手術床，外面急著接刀開刀的外科醫師催了好幾次，讓他壓力超級大；不料這時手機響了，加護病房說電擊器壞了，需要立刻修理，不然病人會有生命危險。

「人命關天，我連進開刀房要穿的刷手服都來不及換下來，套上外出衣、拿了工具就奔向加護病房，」他至今仍然印象深刻，當時跑出開刀房，和等著接刀的醫師不小心對上眼，卻連解釋的時間都沒有，只能匆匆喊一句：「我先趕去加護病房，立刻回來！」

人體地圖儀，考驗即時判斷力

這些，是可以當下解決的問題。還有些時候，當天根本無法回家。譬如，早期麻醉機不如現在穩定，維修起來又特別複雜，加上待料時間，往往深夜才等到廠商的零件，但是為免耽誤隔天手術，洪政宏還是會立刻進開刀

當儀器沒辦法即時修好，我就要馬上啟動腦中的全院機器Google Map，在最短時間內完成調度。

——**洪政宏**．埔里基督教醫院醫工組組長

房換零件，維修完畢回到家都已經隔天凌晨了。

那麼多緊急狀況都能有驚無險地順利度過，有沒有分秒必爭卻修不好的時候？

「當然有啊！」洪政宏坦言，整間埔基大概有六百多項醫儀設備歸他管轄，「沒辦法即時修好」是常有的事。

所以一到現場，他就要立刻判斷是否可以馬上修好，如果可以就趕快修，如果不行，就要啟動他腦中媲美Google Map的「全院機器設備地圖」——哪個單位有同樣的機器、狀況如何、是否可以借來用？務必要在最短時間內完成調度。

不過，隨著智慧科技促進醫療再進化，埔基的醫儀設備愈來愈精密，超音波儀、電腦斷層掃描儀、磁振造影儀等設備之外，心導管、直線加速器等，如今都是院

內的基本配備，醫工師的角色也逐漸有了變化。

洪振宏指出，這些精密儀器需要專門的工程師負責，大多由廠商處理或是委外維修，醫工組逐漸轉型為負責和廠商溝通協調的角色，甚至有機會進一步以醫工的專業背景，參與醫院醫療器材汰舊換新時的採購評估，也讓醫工師在埔基的專業地位再往前邁進一大步。

無論埔基或竹山秀傳，他們都沒有醫學中心相對充裕的人員配置，也缺乏大城市裡醫院的地利之便，醫工師們幾乎都是以一己之力，盡可能克服各項艱難與挑戰，成為醫儀設備的守護者，為第一線醫療健康安全默默付出。

4 跨海救援者

讓醫療聖火在世界蔓延

為了幫助海外友邦，醫工師從台灣跨足到陌生國度，他們必須面對停水停電、疾病威脅和動盪不安的政治局面，所做的工作小從儀器安裝開始，大到打造國家級醫院，讓愛遠播，更讓台灣醫學工程的軟實力再升級。

一八六〇年，英國長老教會牧師杜嘉德（Carstairs Douglas）來台灣短期停留，看到衛生醫療條件不佳，建議教會派醫療宣教士來台，這是台灣接觸西方醫療的開端。在他們的無私奉獻下，百餘年間，台灣醫療與公衛水準從落後進步為全球典範，根據全球資料庫網站「Numbeo」二〇二四年年初公布的「醫療照護指數」（Health Care Index），台灣連續六年、十二次評比蟬聯世界第一。

巧手修復，數十貧國受惠

隨著醫療水準提升，台灣的角色從受助者轉為助人者，一九六二年起即有常駐醫療團開啟醫療援外工作。國際合作發展基金會（簡稱國合會）成立後，接手常駐醫療團派遣，二〇〇五年起陸續推動「行動醫療團計畫」、「友好國家醫事人員訓練計畫」及「二手醫療儀器捐贈計畫」等工作。

在這些援外任務中，醫工人沒缺席，遠渡重洋飛越幾萬公里，以自己的專業傳遞醫療聖火，讓愛遠播。

二〇〇五年起，台大醫院接受衛福部委託，執行「醫療器材援助平台計畫」（Global Medical Instruments Support & Service Program, GMISS）」，希望把醫療的力量傳得更遠。

ＧＭＩＳＳ總主持人、台大醫工所教授黃義侑說，台灣的醫療舉世聞名，不只是因為健保制度，尖端醫療設備的配置更是先進國家中的佼佼者，全國醫院加總有幾百台電腦斷層掃描儀和磁振造影儀，又持續引進質子治療儀、重粒子治療機等重裝備。

讓舊器材重獲新生

隨著科技進步，台灣醫療院所不斷更新設備，汰換下來的儀器，對一些較為貧困的國家仍是可貴的珍寶，ＧＭＩＳＳ就是希望把這些舊的醫療儀器集中起來，經過醫工人員檢查修理、更換零件、測試調整⋯⋯，讓原本可能變成廢鐵拍賣的器材，得到新的生命，繼續擔負救人的重要任務。

至今二十年，台大醫工部每年接受各醫療院所捐贈的二手醫療設備，包括：電腦斷層掃描儀、乳房攝影儀、洗腎機、超音波儀、嬰兒急救處理檯、婦科內診檯、病床、救護車……，不一而足。經由醫工巧手修復後，每年捐贈給六至八個需要的國家，至今已捐助三十九國，包括：貝里斯、瓜地馬拉、海地、多明尼加、帛琉、布吉納法索等。

二〇〇九年九月，台大醫工部接到外交部中南美司傳真一份多明尼加醫院的醫療需求清單，清單上多半是貴重儀器，一向不易募徵，所以沒有庫存，無法立即交付。

幾個月過去，台大醫工部積極募徵，並清查國內各醫院的捐贈項目，同時進行儀器整修檢測，終於初擬出一份可以提供的儀器清單，交給外交部，由多明尼加相關單位確認。

最後，在二〇一〇年四月，台灣送出了推床、呼吸器、乳房攝影儀、麻醉機、急救車、手術檯及洗腎機等。除此之外，台大醫工部還派員前往當地，協助建置RO逆滲透淨水機，讓洗腎機可以順利運作。

這些服務實實在在幫助了當地民眾，黃義侑說：「過去，當地醫院一週只能服務兩位洗腎病人；現在，變成每週都可以幫助十多個病人洗腎，大幅滿足病人的需要。」

協助打造國家級醫院

大多數受援國醫療資源不足，基礎建設相對落後，為了確實幫助海外友邦，醫工人也親身飛往陌生國度，除了協助儀器安裝，也檢視當地的設備，進行更新或募集，甚至還包括打造國家級醫院。

台大醫院醫工部主任江鴻生在二〇二三年應援GMISS，前往邦交國帛琉，就發現當地醫院有一台電腦斷層掃描儀故障。電腦斷層掃描儀是重要的檢查工具，院方急得像熱鍋上的螞蟻，卻不知如何是好。

“

醫工專業無論在國內或海外都能救人，是一份值得守護的偉大工作。

——洪政宏．埔里基督教醫院醫工組組長

”

了解情況後，江鴻生一回到台灣，便立刻尋找電腦斷層掃描儀的關鍵零件操控模組寄往帛琉。更換零件後，設備「起死回生」，台灣醫學工程的軟實力再增添一個篇章。

而台灣於二〇〇六年間援助當時的非洲邦交國布吉納法索，從零開始，一磚一瓦打造出規模六百床的「龔保雷國家醫院」，成為西非地區的重要醫院。硬體建設完成後，台灣更進一步援助軟體資訊系統建置，二〇〇九年，埔基接受龔保雷國家醫院委託，正式展開醫療交流，協助培訓醫院高階幹部及醫院管理。

前總統馬英九在二〇一二年的「仁誼之旅」訪問非洲友邦，特別參訪龔保雷醫院，並曾在他的臉書上寫下這樣一段話：「來到這間醫院，我拿到了一張『馬英九的掛號證』，感觸頗深。因為，這一張經電子掛號系統所製作出來的紙本證件，對當地來說，得來不易，大大改變他們的生活。」

過去布國沒有掛號系統，病人看診得排隊，因此經常見到診間外排列著數十顆大大小小的石頭，上面寫著自己的名字，方便護理師叫號。而且，醫療院所不足，許多病人遠從百公里外趕來就診，他們帶著家當，在醫院裡打地鋪或住在露營區，自己埋鍋造飯。台灣的援助，改變了這些現象。

難以想像的任務降臨

聾保雷國家醫院正式營運後，埔基持續提供開院治理小組訓練、營運輔導與資訊系統建置應用等協助，並針對全院醫儀設備，協同布國醫工人員進行清點並編輯成冊、建立基本資料、規劃保養分級、了解保養相關知識、建立維修紀錄等，讓醫院的醫儀管理步上軌道。

埔基醫工組組長洪政宏便因此兩度遠赴布國駐點，成為台灣援外計畫中首位醫工駐地輔導人員。

「遠赴非洲國家支援海外醫療，是投入醫工師職涯從未想過的事，是畢生難忘的經驗，十分感恩，」洪政宏說，他原以為醫工師的職涯就是每天把院內機器顧好就對了，想不到居然有難以想像的任務降臨。

二〇一四年九月，為了協助龔保雷醫院開院後各項治理工作更上軌道，他首次前往布國。

洪政宏回憶當時歷經三十五小時的飛行航程，轉機又轉機，初次踏上距離台灣一萬五千公里外的布吉納法索，第一個感受是——那是一個截然不同的國度：天氣酷熱、黃土塵漫、無法預警的停水或停電，都是日常生活，還有蚊蠅四起、瘧疾與傷寒和動盪不安的政局。他說：「從沒想過會來這裡。」

不只這些挑戰，當時布國鄰近的國家正遭受伊波拉傳染病疫情肆虐，布國也深受威脅。洪政宏說：「不擔心是騙人的，但是沒時間想太多，只能努力把握每個工作天。」

他在襲保雷國家醫院協助建立醫療儀器的管理系統，輔導當地醫工人員進行醫療儀器的保養與維修，讓這些儀器做最有效的運用。

遇上政變畢生難忘

因為語言不通加上彼此不熟悉，初來乍到的洪政宏對當地同事的防備態度有些不安，還好隨著時間過去，工作日益上手，雙方開始培養出合作默契，醫院的營運愈來愈穩定。正稍感放鬆之際，不料二〇一四年十月布國發生政變，不安的氣氛迅速擴散。大批示威者衝進國會，並在首都瓦加杜古的市政廳和執政黨總部縱火。除了一般平民外，參與示威的還包括部分軍方人士，煙硝味瀰漫，爆發激烈的武力衝突。

布國政府立刻緊急實施宵禁，太陽下山後漆黑一片，洪政宏至今記憶猶新。當時一堆人搶物資，旅館的東西也被搬光，還有人四處打劫，「很像電影戰爭片的情節，因為醫院宿舍距離總統府不遠，答答答的機關槍聲就在身邊響起，覺得死亡靠得好近。」洪政宏原本想留在布國等待政變過去，但是因為家人擔心，他只好也先撤離。

「工作未完待續，」二〇一六年五月，洪政宏再次踏上布國支援。

第二次遠赴西非，他在半年中，手把手地輔導當地工作人員，奉獻畢生所學，幫助龔保雷醫院的醫療設備管理更臻於完善。不過，在日常的機器設備維運工作之外，他也時不時遇上緊急狀況，需要立刻排除。

曾經有一次，開刀房的麻醉機突然故障，但醫院裡的麻醉機數量原本就不多，壞掉一台就導致一個緊急的臨時手術沒辦法完成，病人危在旦夕。

洪政宏收到通知趕往現場，發現是一個零件出問題。但關鍵是，這個零件在台灣來源很多，在布國卻無法唾手可得，他心裡非常焦急卻無計可施。突然，靈機一動，他請台灣原廠工程師協助，雙方在國際電話中討論，一步步嘗試、排除故障，麻醉機經過越洋「搶救」，終於起死回生，醫師可以緊急上刀，病人也搶回一命。

洪政宏說，經過這件事，襲保雷醫院團隊對醫工專業更加肯定，為了避免類似情況再發生，他也協請當地代理商購置常用零件，盡可能布建完善，以免日後再發生緊急狀況求助無門。

小螺絲釘撐起大重量

儘管海外支援已是數年前的事，台、布兩國的友誼也不再，但洪政宏永遠記得布吉納法索輔導團主持人滕春祐（埔基院長特別助理）在行前教育時說的話：「到布吉納法索工作時，最重要的是帶著決心、耐心，和愛心！」

這也是他投入醫工工作近二十年一直奉行的座右銘，儘管醫工師不是第一線的醫療人員，有點像是醫院這台大機器的螺絲釘，卻撐起很大的重量，

“

我的專業能夠救命，能讓一個新生命來到世界，身為醫工人，好驕傲！

——**郁德威**．台大醫院醫工部技士

”

就算不是直接面對病人，但「這份專業無論在國內或海外都能救人，是一份值得守護的偉大工作。」

台大醫院醫工部技士郁德威，也是擁有援外醫療經驗的醫工人。他在二〇一二年至二〇一六年間，參加國合會推動的台布醫療合作計畫，幫助布國降低新生兒死亡率及提升整體醫療水準。

郁德威的任務是到布國第三大城古都古擔任醫工師，負責當地九所地區醫院共一千多台醫療設備的巡迴保修。布國的醫療水準不佳，特別棘手的是電力不穩，經常一分鐘跳電、斷電十幾次；而且電壓不穩定，醫療儀器常常損壞。

當初接下這個工作，郁德威心裡忐忑不安，一來環境條件差，二來醫療器材來自各國廠牌，面對如此龐大的量體，他只能盡力而為，「很慶幸在台大醫工部工作時摸過不同機器，經驗算豐富，心裡想著：就算不行，大不了辭職回台灣，拚就對了！」

在漆黑診間迎接新生命

果然人到現場後，挑戰接踵而來。像是有家醫院的電腦斷層掃描室天花板漏水、地板長白蟻，導致貴重的儀器上要防水、下要防蟲，而且電腦斷層掃描儀因為地板不穩固已經傾斜一邊。於是，郁德威一方面保養機器，另一方面促請醫院修繕檢查，看著醫院人員用黑油驅趕白蟻，上水泥再重新固定機器，整個維修工作才算大功告成。

「還有牙科治療檯的線路被老鼠咬斷、各國捐贈的醫療設備到處缺零件、電池壞掉，還得從台灣寄過去……，各種從沒遇過的狀況，在那裡就像是訓練機智反應一樣，天天上演，」郁德威說。儘管如此，他在布國親身經歷「救人一命」的美好回憶，畢生難忘。

有次他到一家醫院進行保修工作，聽見產房裡傳出激烈吵架聲。當時產房因為跳電變得漆黑，產檯上躺著一位肩難產的孕婦正在哀嚎，因為沒有電，胎兒監測器、超音波儀、麻醉機等重要儀器全都不能使用，情況危急，醫療團隊吵成一團，沒有人拿得定主意該怎麼做。

郁德威見狀，上前與醫療團隊溝通，緊急檢查是哪些醫療設備因為電力過載造成跳電，先讓產房復電。然後，他拿出醫工專業，讓重要且必要的醫療儀器先行供電啟用，一步步解決難題，讓醫師能夠趕快手術接生。

半小時後，孩子呱呱墜地。

「當全身皺巴巴的小嬰兒大哭出聲時，我也快哭了！」郁德威感性地說：「原來我的專業能夠救命，能讓一個新生命來到世界！」這一刻，他覺得：「身為醫工人，好驕傲！」

第三部

不一樣的精采

醫院並非醫工師唯一的工作領域，
有人成為管理者，
或是做為精密醫療儀器操作人員，
也有人成為醫療器材業者，
甚至致力於教育、研究，
醫工人在不同的工作崗位上持續發光發熱，
更讓這份專業變得精采絕倫。

1 高階管理者
好用又有用，愈走愈寬廣

在現代醫療體系中，醫工師必須精進各種類別的知識；當他們成為醫院的高階管理者，除了是個人能力的提升，更憑藉過去的跨領域學習與經驗，銜接醫療、工程與行政，為醫院發展寫下新的篇章。

當被問到，如何從醫工師一路挑戰每個工作，成為醫院核心主管，彰化基督教醫院副院長賴健文毫不猶豫地說：「學習。」

彰基是中台灣歷史最悠久的醫學中心，近年院區快速發展，病床數不斷增加，並屢屢通過各項醫療評鑑或獲頒相關獎項。在彰基團隊裡，行政副院長賴健文是醫療管理和後勤工作的主管，從日常硬體的維修保養、行政管理，到重要的擴建工程和大型評鑑，都有他的身影。

多元探索，點燃學習熱情

三十年的工作歷程中，賴健文一直對學習充滿熱情，不斷「從做中學、在學中做」。也是「學習」這兩個字，伴隨他走過每一次的難關，更進一步成長。

為什麼如此熱愛學習？

賴健文歸功於大學時在醫工系的培養。醫工是醫學與工程的結合，為了在醫療現場發揮工程專業，以工程之力協助醫學治病救人，醫工人必須精進各種類別的知識。

「醫工系要讀生理、解剖、電子、電機、力學與生醫材料，什麼都要懂一點、學一點，」多元的探索，點燃了他對每一種專業的興趣，甚至成為一種習慣，「進了職場，也覺得這個要學一點、那個要學一點，什麼都不能偏廢。」

正是這種全方位的學習興趣，讓他看見愈來愈遼闊的人生風景。

賴健文剛進中原大學時，原本就讀土木系，因為「覺得醫工系很酷」，又埋頭讀書，果然順利轉進醫工系。他很嚮往醫工人的職涯，也對前景充滿信心，大學畢業、退伍後，收到幾個不同工作的錄取通知，但他希望在醫療現場發揮所學，最後選擇進入位在板橋的亞東醫院工作。

菜鳥醫工，滿街找零件

「本來以為我是學醫工的，工作應該不會很困難，沒想到剛去的前半年，每天都要面臨不一樣的挑戰，」賴健文笑著說。

學校所學雖然不少，但醫療現場的知識需求顯然更廣、更深入。亞東當時有四位醫工師，其他三位是中原醫工系的學長，他這個小學弟雖然很想做出貢獻，卻有很多工作不會，面對儀器出問題時，經常不知道該怎麼辦。

但賴健文不服輸，一心想把各種器材搞懂，每天苦讀資料、研究儀器手冊。印象最深的是呼吸器，因為呼吸器的功能複雜，護理人員操作時容易弄錯，他不僅要自己讀通，還要負責教護理師。

他下了很多工夫弄懂呼吸器的線路和構造，有時為了找零件維修，還騎機車到環河南路、承德路一帶去找「拆船貨」。

「很多東西學校沒教過，全部要重新學，下班時間全在讀儀器手冊，」賴健文坦言，當時覺得工作很累、挫折太多，好幾次幾乎都想放棄了。

直到有一天，他又被叫去修儀器，修了半天，突然間靈光乍現，換一個動作後，儀器就有反應了，一股成就感猛然竄出。後來醫工課學長聽了他解釋修理過程，大力稱讚：「你講的都對了！」還鼓勵他「放手去做」。

那一刻，賴健文彷彿找到身為醫工師的意義，從此不論白天工作或晚上讀書，心中都充滿熱情與幹勁。多年後，他更慶幸當初咬牙撐過那段辛苦的日子，練就一身專業功夫，為後來的生涯奠定了扎實的基礎。

從維修工作到規劃管理

一九九五年，為了照顧家鄉的父母，賴健文回中部發展，先後進入嘉義華濟醫院、彰基，也從醫療器材的維修工作，走向醫工制度的規劃管理。

一開始，他和一位中原醫工系的學弟，負責華濟手術室整修工程和醫療設備配置，但當時華濟還在興建中，凡事得從頭開始。於是他利用在亞東學會的儀器設備管理流程，也就是根據醫療設備的全生命週期：評估、採購、交貨、驗收、維護保養、報廢鑑定，為華濟建立全套制度。

"

醫工、工務、行政管理，這些跨領域的專業都不是與生俱來的能力，而是永無止境的學習。

——**賴健文**・彰化基督教醫院行政副院長

"

那時華濟和很多醫院一樣，不清楚醫工師的重要性，沒有獨立的醫工單位，而是把醫工和工務混在同一部門。賴健文是工程部副課長，除了管理醫療器材，還要負責工務工作，和工務同事一起輪小夜班、大夜班，不時去檢修空調主機。所幸，在賴健文的努力下，醫工師的工作內容逐漸制度化，院方慢慢發現醫工師的重要性，不久後設立工程部醫工課，賴健文成為第一任課長。

後來，他離開華濟，到彰基醫工部擔任工程師。由於他經驗豐富，工作認真，一年半之後便被升為醫工課課長，二〇〇三年接掌工務部主任。

在華濟工程部任職時，賴健文除了醫工師本身的工作，也大量接觸工務工作，對醫院的空調主機、高壓電、醫療氣體等工務設備都很熟悉，因此橫跨醫工師與工務並不困難。但他沒想到，二〇〇九年，院方看重他的工作態度和領導能力，要他擔任彰基醫療體系員生醫院的行政處處長，以及協助員林基督教醫院的籌建規劃。

賴健文一開始有些抗拒。他認為，行政並非自己的專長，更從來不懂醫院管理，而且那時他擔任台灣私立醫療院所協會的醫院工務暨醫學工程發展促進會會長，已有不少可以施展抱負的空間，只想專注在原本的領域，做好分內的工作。

學無止境，斜槓多重專業

然而，上級主管不死心，幾度鼓勵賴健文嘗試新任務。最後，賴健文心一橫，想著「反正就當做再去學習」的挑戰，而且新醫院需要全新的基礎設施和醫療器材，看來在陌生領域中仍然有他擅長的切入點。

事實上，他當時正在大葉大學攻讀電機工程博士，但為了勝任未來不斷變化的管理工作，後來又進入台大就讀ＥＭＢＡ，學習管理。

好學加上專業，讓賴健文成功跨越前方道路的挑戰。他說，因為兼具工務的經驗、醫工師的專業和管理的知識，再加上對彰基每個分院都熟悉，讓他在行政管理工作中可以快速回應和決策，對於總院提出的問題也能馬上理解、快速解決。

隨著醫院的體系化發展，二〇一二年，賴健文轉任院長室處長，四年後升任行政副院長，負責總院的醫工、工務和基礎設施。

那幾年正值彰基全力擴展醫療體系版圖，賴健文全力衝刺，帶著團隊完成一棟接一棟的大樓改建與新建工程。每次看到新的設施或大樓啟用，他都很欣慰自己發揮了最大的價值。

醫工、工務、行政管理，這些跨領域的專業，讓賴健文不斷被重用，也快速晉升，但他謙虛地說：「這些都不是與生俱來的能力，而是永無止境的學習。」例如，彰基多次接受ＪＣＩ國際醫院評鑑，賴健文要負責「醫院設施管理與安全」（Facility Management and Safety, FMS）項目。為了通過評鑑，他認真蒐集資料和相關書籍，學習國外各大醫院的評鑑經驗。

他說，ＪＣＩ評鑑標準會跟著國際趨勢改變，每三年改版一次，不同單位也有各自要準備的項目，他會帶領同仁仔細研讀。每一次準備都是一次學習，也累積了經驗，「ＦＭＳ後來更成了我的專長，」他驕傲地說。

為醫院管理把關

二〇二〇年年底，賴健文接任醫工學會理事長，長期關心醫院內醫工師發展的他，希望有機會建立國家級的醫學工程師證照制度。他說，醫工是重要的科學，愈來愈多新生代加入，醫工師應該看見自己工作的價值，也讓醫院看見醫工師的貢獻。

有一次醫院評鑑時，彰基準備好醫療器材之外，為了呈現醫工師的專業，也準備了醫工學會核發的醫工師專業證書，沒想到卻有主管不解地問他：「這個證書有什麼用途？」

「這不經心的一問，凸顯出醫工師還沒有成為國家認證的專業人員，」賴健文說，醫院的社工師、公衛師雖然也不歸屬醫事人員，卻擁有國家認證的標準職業名稱，但醫工師沒有國家發給的證照，也影響了他們在醫院的地位，讓醫院管理少了一重助力。

他以醫療採購評估為例，說明醫工師能發揮的力量。

在彰基，醫院決定採購器材時，醫工師有三重關鍵責任。首先，是為預算把關；第二，則是綜合功能、品質、維護服務等不同面向，挑選最適合的器材。例如，醫院發出採購需求後，各家廠商會提出各自的產品，產品之間也有一定程度的差異。這時，可能某家的設備價格合理，但之後的維護耗材很花錢，醫工師就必須提出分析，做為決策者的重要參考。

醫工師的第三重責任，是在交貨時，他們的專業有助於防堵弊端。

賴健文說，他過去驗貨時就曾多次發現問題，例如：機器按鍵不順暢，或是呼吸器有使用過的痕跡或時數，而後者很可能是由於廠商用展示機交貨，並非百分之百的新機。

只不過，台灣仍有不少醫院的醫工部門不受重視，甚至根本沒有醫工部門，「這時，醫療器材廠商會直接找採購單位，如果誠信不足，容易產生一些弊端，」他強調：「如果有醫工師把關，讓技術歸技術、採購歸採購，就不會有這個問題。」

一開始連醫療儀器都不認識

除了因為醫工涵蓋領域複雜而養成的學習熱情，另一位也躋身管理者的嘉義聖馬爾定醫院前副院長廖學志認為，醫工師要對接每一個醫療科室，因

“

醫工專業的本質是效率與品質，打下的基礎為我在醫院管理的路上，發揮了關鍵的力量。

——**廖學志**．聖馬爾定醫院前副院長

”

此廣泛連結的關係與理解，也是他做好管理工作的一大助力。

聖馬爾定是一家有著六十年歷史的天主教醫院，但一九九〇年代，醫院規模還很小，又急缺行政與管理人才，經營艱辛。後來，一位年輕熱心的醫工師走進這裡，靠著不斷的跨領域學習，一步步協助院長帶領醫院成長茁壯，如今聖馬爾定已是有著三十多個醫療專科、上千病床數的區域教學醫院，守護著無數嘉義人的健康。

當年那位年輕的醫工師廖學志，三十四歲成為副院長，在聖馬爾定一做二十五年，直到十年前才退休。他笑說自己其實是個半路出家的醫工師，一開始連醫療儀器都不認識，但因為願意下苦功學習，走出一條不一樣的路。

畢業於成功大學工程科學系，一九八一年退伍後進林口長庚工作，「原本我應徵的是長庚醫院資訊室，」廖學志說，不料分發時資訊室缺額已滿，人資問他：「工務處儀器課有缺，你要不要去？」他考量長庚的月薪有一萬六千元，遠高於同學在電子業的一萬二千元，馬上點頭答應。

「其實我在成大學的是資訊科學，一開始根本搞不清楚儀器課要幹嘛，」廖學志回憶，那時台灣只有中原理工學院（中原大學前身）有醫工系，醫工專業人才很少，長庚儀器課八成以上的同事來自台大、成大和交大等大學的電機或電子相關科系，大家都是邊做邊學。

下定決心，非學會不可

廖學志一開始接觸醫療儀器，只會拿著技術手冊一直讀，到職一個多月後，有一天儀器課同事全出去修機器，獨自留在辦公室的他接到使用單位打來電話，只聽見對方很急地說：「這裡是ＩＣＵ，我們的ＥＫＧ和IV PUMP壞了！」

掛上電話，他滿心茫然，只聽懂兩個字「壞了」。這下，壞了。

什麼叫ＩＣＵ？什麼是ＥＫＧ？IV PUMP又是什麼？他完全聽不懂，「彷彿置身外國，語言完全不通。」

幸好很快有資深的同事回來，廖學志連忙回報情況，同事馬上趕去處理，也不忘告訴他ＩＣＵ是加護病房，ＥＫＧ是心電圖，IV PUMP則是電動輸液的幫浦。

廖學志非常震撼，原來醫學的世界跟他以往接觸的領域完全不一樣，他更緊張自己對醫學的無知，擔心自己連最基本的醫學英文名詞都聽不懂，要怎麼和醫護人員溝通？

那天一下班，他立刻奔到專業書店，抱回十多本醫療相關書籍，從生理學、病理學、解剖學到醫用電子學，下定決心非學會不可。

「在長庚五年，我差不多等於讀了一個醫學院，只要臨床上會遇到的，我就去讀，就去搞懂，」廖學志說，儀器課的工作很忙，資深同事無暇教他，一切靠自學。

每天下班回家，他吃完飯就開始讀書，假日也是念書自修，沒有休閒娛樂，因為很擔心說不定隔天上班會遇到不懂的問題，處理不了就糟了，好不容易進入薪水優渥的長庚醫院，絕不能把飯碗搞砸。

另一方面，廖學志總覺得自己不是醫工系畢業，有一點心虛，因此也必須更虛心，透過學習，在最短時間內把該懂的部分弄懂，才對得起自己和這份工作。

理論與臨床同步學習

那段過程很辛苦，廖學志沒有任何的醫學基礎，從零開始，不只學儀器，還要學會各種生理和病理的醫學基本知識。

他解釋，不論在門診、手術室、加護病房或各種檢驗室，儀器設備是一種媒介，如果能了解儀器設備的原理和治療用途，就很容易和醫護人員溝通，工作會更有效率，對醫療品質也有幫助。

林口長庚的醫療科別多達數十種，廖學志強迫自己盡量了解每一個領域。例如，為了維修加護病房設備，他會先自修加護病房的參考書，「要不然人家跟你講這個機器不對，我怎麼知道到底什麼地方不對？我就算不能念書念到會治療病人，但至少醫師、護理師講專業用語時，我要聽得懂。」

例如，剛進長庚時，有一次在加護病房，護理師說：「心電圖機壞了，顯示出的波形都不對。」但廖學志根本看不出哪裡不對，又不敢多問，只能鼻子摸摸就趕快把機器推回儀器課修理。直到後來靠著自修，愈來愈會看心電圖波形，一看就知道儀器哪裡不對，才大幅縮短維修時間，讓護理師刮目相看。

他也很慶幸自己可以理論和臨床同時學習，今天在書本學到的，隔天馬上可以和實務結合。例如，他先自修弄懂復健科的電療、熱療、水療機器原理，以及病人從生理學和病理學上的需求各是什麼，接下來便能跟復健師在臨床使用時溝通，然後他又學到更多。

廖學志說，學習是一種拉近距離的好方法。有時在臨床上遇到不會的問題，他會虛心向醫護人員請教，尤其護理師從不會嘲笑他的厚臉皮或無知，總是耐心教他，他也因此和一些護理師建立起革命感情。

醫工五年，為醫管打下基礎

林口長庚儀器課的五年，廖學志不知不覺累積了跨領域的醫療專業知識，也日益熟悉每個部門的運作。

「這是醫工師的特點，可以跟醫院各部門都有交集，對醫院有比較深的

> 醫工師不能用「不會」當藉口，學習這件事情，永遠不會過時，永遠是最好的方法。
>
> ——廖學志．聖馬爾定醫院前副院長

認識，更善於和不同的人溝通，」廖學志說，後來他到聖馬爾定，從醫工師走向管理工作，才逐漸發覺當初在長庚積攢下的經驗非常有用且珍貴。

只不過，走進聖馬爾定，對廖學志是一場意外。

一九八六年，廖學志離開長庚自行創業，與朋友合夥成立醫療器材進出口公司，生意經營得有聲有色。沒想到兩年多之後，妻子就讀護校時的老師——陳美惠修女，接掌聖馬爾定醫院院長，為了改變日益老化的經營模式，她拜託廖學志協助引介管理人才，帶領聖馬爾定轉型。

廖學志立刻去找了以前在長庚醫院的同事幫忙，希望物色有興趣又適合的人才南下工作。沒想到，老同事們的第一個反應都是：「嘉義在哪裡」、「太遠了」、「那麼小的地方」……，甚至直接告訴他：「沒有人會想去嘉義工作啦！」

找不到人的歉疚，加上不忍看見聖馬爾定的困境，廖學志只好親自南下幫忙。一開始，他每星期抽出週五一天，清晨從台北搭車南下在醫院工作一整天，晚上再搭車北返，只希望能做多少是多少。

舉家南遷，全職投入醫院工作

廖學志說，四、五十年前，聖馬爾定在嘉義曾是頂尖的醫院，還是嘉義早年唯一有電梯的醫院，後來隨著其他新醫院陸續設立，聖馬爾定快速被追上，業務衰退，轉型迫在眉睫。但嘉義的資源有限，聖馬爾定要找人才很困難，他在聖馬爾定的工作範圍也愈來愈廣，工作時間延長為一週兩天。

他說，一開始因為自己只懂醫工，只能盡量協助醫院的儀器維修保養和汰換。記得有一次院內的點滴控制器故障，廠商報價換一個原廠電池要五千五百元，但他在長庚修過這種儀器，知道如果改用同規格的非原廠電池大概只要八百元，很順利地為院方省下開支。

類似的事情愈來愈多，廖學志快速獲得聖馬爾定主管和同事的肯定，大家一遇到問題都習慣找他幫忙，諸如醫療儀器、電腦維修，後來連同仁的獎金發放、行政管理，院長都會詢問他在長庚的經驗。

兼職工作將近兩年後，廖學志對聖馬爾定的責任與感情日深，他很希望這家充滿慈愛精神的天主教醫院持續成長，於是在院長力邀下，結束醫療器材生意，舉家南遷，全職投入聖馬爾定的轉型與擴建。

廖學志從院長特別助理做起，正式從醫工師走向醫院管理。他說那是很特別的經驗，因為醫院小，人手少，特助必須負責很多不同領域的工作，就像他從自己比較在行的儀器設備，擴充到儀器採購，之後又擴充到全部醫療用品和藥品採購，這又涉及到財務和預算，可以說，他算是一步一步被「逼」著面對陌生的領域。

「這都是因緣際會，環境會強迫人成長，」廖學志說自己對採購藥品完全外行，但在聖馬爾定他不能也不想逃避，唯有拿出老方法——找書來K，學習物料管理，搞懂醫院採購的眉眉角角。

好用又有用的人

兩年後，廖學志從院長特助被拔擢為副院長，之後全力協助院長推動醫院的擴大經營，短短幾年，聖馬爾定從地區醫院升級為區域醫院，員工數從三百人增加到一千二百人。

甚至，那段期間，聖馬爾定院區經歷多次擴建和興建新大樓，身為副院長的廖學志原對土木一竅不通，但在第一次擴建時因監工難覓，他只好拜託一位專業監工每天清晨六點到工地當鐘點顧問，他全程邊看邊抄筆記，一點一滴學習。後來的幾次擴建，他更愈學愈多，不再是工程品質的門外漢。

為了提升醫院管理的能力，廖學志升任副院長三年後，考進中國醫藥大學醫務管理研究所。

「醫院管理工作中，對人的管理最難，」他指出，因為一家醫院包括醫師、藥師、檢驗師、護理師等，可能有著二十種以上的專業執照角色，反而是醫工師出身的他沒有任何醫療專業證照，也因此在管理上絕不能「硬著來」，而是要調整心態去服務同仁。

果然，廖學志一方面運用在醫管所學到的專業，更同時發揮以往的醫工師經驗、協助解決問題，讓醫工師的角色愈來愈受重視。

「醫院裡，能與所有單位都說得上話的角色最好用，一個擁有核心技能又可以跨領域學習的人最有用，而這『好用又有用』的角色，」他說：「非醫工師莫屬。」

例如，為了醫療器材採購，廖學志憑藉醫工師的專業，總能和各部門順暢對話，也因為長年跨部門的工作性質，讓他在面對不同部門需求時較有同理心，不太會出現管理上的問題。

「先把核心技能練好，自然就有能力做好醫院管理，」回顧走向管理的生涯，廖學志深深認為，「醫工師專業的本質是效率與品質，醫工師時期打下的基礎，為我在醫院管理的路上，發揮了關鍵的力量。」

用開放的心挑戰跨領域

廖學志經常接受醫工學會的邀請，到醫工學會年會或是專題研討會演講。他會告訴醫院的醫工師，醫工是一條開闊的道路，成功的關鍵來自開放的心態，不要抗拒任何跨領域的挑戰，更不必計較「我只拿醫工師的薪水，為什麼要去做其他部門的事」，反而要積極嘗試不同領域，認真去做，一定會賺到獨特的工作經驗，成為人生的養分。

他更鼓勵醫工人，永遠不要停止學習，只要願意下苦功，必將有各式各樣的機會迎面而來。尤其，醫療科技快速進步，醫工師的角色日益吃重，要學習的東西會愈來愈複雜，醫工師不能用「不會」當藉口。

就像他自己，十年前自聖馬爾定醫院退休後，馬上投入高齡照護的全新領域，一方面發揮專業與經驗，擔任兩岸多家醫院的顧問工作，協助醫院與養老機構的營運、規劃和設計，另一方面仍持續學習，每天學習時間至少三個小時，隨時透過網路或實體資源，探索各式各樣的新知。

「學習這件事，永遠不會過時，永遠是最好的方法，」從半路出家的醫工師，到醫院副院長，再到醫院管理專家，廖學志細數自己大半生的經驗，證明了從不停止的學習，一定能為醫工打開一條無限寬廣的路。

從賴健文到廖學志，在許多醫院裡，都可以見到醫工師跨越各領域，他們不畫地自限，勇敢挑戰不同工作，最後成為醫院的核心主管，帶領團隊大步前進。

2 關鍵技術者

走向臨床，推動醫學進步

當醫療設備愈來愈先進、尖端，
醫工師也漸漸從儀器管理與維護走向臨床治療最前線，
在關鍵醫學技術領域裡扮演重要幫手，
同時找到自己在醫學發展進程中的地位與價值。

二〇二一年六月，當新冠肺炎的陰影仍籠罩全台，大多數台灣人因疫情足不出戶、許多行業幾近癱瘓之際，台北榮總建置中的重粒子癌症治療中心裡，數十位工作人員正凝神關注重粒子加速器的測試。

隨著關鍵的按鍵啟動，監視螢幕上顯示射束產生，大家興奮驚呼：「成功了！成功了！」北榮辛苦十多年籌設的重粒子治療中心終於踏出第一步，為台灣的癌症醫學開啟新篇章。

全世界第十四座重粒子中心

「那一道光，代表著碳粒子聚集成了高能量粒子束，而可以成功產生出來，代表我們全部人的努力終於有了回報，」北榮重粒子及放射腫瘤部醫務技師黃忻表示。投入重粒子中心籌設工作多年的他，那一刻也在現場和全部參與人員一起歡呼。他說，碳粒子聚集射出的過程叫做「出束」，而成功出束，代表北榮團隊完成了第一階段的使命。

多年來，癌症始終高居台灣十大死因第一名，每年新增十二萬多位癌症病人。癌症治療方式不斷推陳出新，北榮的重粒子癌症治療中心，是以重粒子破壞癌細胞，比起光子和質子治療，威力更強大也更精準。

北榮重粒子中心斥資四十五億元，二〇二三年五月正式啟用，是全世界第十四座運轉中的重粒子中心，從籌劃到啟用的十多年歷程中，有著許多醫工師的辛勤付出，黃忻正是其中之一。

參與先進設備的建置

在重粒子中心的臨床治療現場，黃忻的工作角色被稱為「運轉員」，負責現場儀器設備的維運，是重粒子團隊的重要成員。

黃忻畢業於中原醫工系，退伍後曾在醫療器材公司工作，二〇〇八年進入北榮醫工組，展開全方位且系統化的醫工生涯。

做為一位自民間廠商走向醫學中心的醫工人，黃忻分析說，醫工人的工作領域很廣，可以從事業務工作推銷及介紹醫療設備的使用，也可以擔任負責研發設計和維修保養醫療設備的工程師，另外則是走入醫院，為醫院進行整體性的醫療設備管理。他很慶幸自己進入醫療產業二十年來，三種性質的工作都曾經歷，尤其進入北榮後，對醫療儀器有了全面性的認識及學習。

黃忻回憶說，剛進北榮的第一個重要任務，是參與直線加速器的建置，那時光子治療是很先進的癌症治療儀器，造價一億元左右，他非常興奮，更深知如果自己不是在大型醫學中心，很難有機會參與先進設備的建置。

但是他也發現，對於尖端醫療設備，台灣往往無法獨力建置及維修。例如，早期光子治療的直線加速器，加速器管裝上之後要花七天抽真空，但十多年前台灣沒有工程師能處理，也沒有能達到足夠真空度的離子抽吸器，一切要仰賴國外原廠提供。

但是，只要願意嘗試，便有機會克服困難。

黃忻不斷與廠商溝通、學習，運用自己的醫工專業，協助醫院及廠商順利找到可用設備、引進技術。幾年後，台灣有了離子抽吸器，工程師的技術也進展到可以自行更換加速器管，停機時間也從七天縮短到二、三天。

他驕傲地說：「我們一面學習，一面進步，只要醫工人不停下腳步，一定可以帶來改變。」

後來，黃忻又參與螺旋刀（Tomotherapy）直線加速器的安裝，以及北榮正子暨磁振攝影機（PET-MRI）的建置。面對的醫療設備愈來愈先進高端，工作範疇也與癌症的放射治療愈來愈密切，而他也在不斷參與、挑戰並見證醫學進步的過程，找到醫工人在醫學發展進程中的意義。

從後勤走向前線

二〇〇九年，北榮啟動重粒子癌症治療中心籌設計畫，黃忻開始投入第一階段的工作，此時醫工師的主要工作是儀器設備的資料蒐集、評估及分析，提供給使用單位和財務部門做建置規劃。

醫工師是解決問題的角色，和醫師、護理師一樣，肩負醫療的使命。

——黃忻．台北榮總重粒子癌症治療中心運轉員

他認為，規劃過程雖然很長，但此時醫工師的工作相對單純，讓他有機會從零起步，逐漸認識重粒子如何運用在醫學上，那是很珍貴的學習經驗。

二〇一九年，北榮重粒子中心歷經規劃、招標和取得建造執照後，正式動工興建，進入了第二階段的設置期。醫工師在這個階段扮演工程及廠商間的協調角色，協助雙方介面的整合，例如：水、電、空調，以及設備進場的時間、路線與原有空間保護等工作。

「那是最最痛苦的三年，」黃忻苦笑著說，要同時協調設備廠商和建築廠商是很大的考驗，因為負責建築的廠商只懂建築、負責設備的廠商只懂設備，但是兩者就像兩個齒輪，一定要同步運轉到對的位置，才能咬合、帶動機器運轉，否則就會卡住，甚至造成損壞。

這時他也發現，他的醫工師角色已經從後勤支援走向了第一線的使用單位，心態必須調整，也要承擔更大的壓力。

就像他當時協調設備與建築廠商，從建置時的進場順序、水電空調要怎麼裝、設備商的安裝時程等，每個細節都關係重大，但兩方各有專業和堅持，再加上都有盡快完成的時間壓力，醫工師就要為四面八方的需求搭起橋梁，解決各種問題。

齒輪間的潤滑油

黃忻說，當時最常見的問題是溝通不良，因為很多時候需要直接與日本原廠接洽，卻經常因為語言或者認知差異而產生誤解，尤其重粒子設備有太多艱深複雜的專有名詞，有時連翻譯人員也不知道怎麼翻譯。

例如，為了控制設備下方高架地板的安裝，設備商和建築商來來回回爭執不下，最後才發現原來日本廠商認知的高架地板是「設備正下高架」，但台灣方面指的是「設備裝設區域」的高架地板，「雙方你來我往講了八個小時後，才發現彼此講的是不同東西。」

一次次協調下來，黃忻有了很深的體認——醫工師不但要管理醫療設備，某種程度上更需要聆聽兩邊的想法，先理解、再協調，減少彼此誤解，「就像兩個齒輪之間的潤滑油，雖然我們會被擠壓，但可以讓雙方從磨合到配合，最後順暢運轉。」

他也笑說，那三年的協調過程「真不是人幹的」，經常有人在吵架，他也曾壓力大到想辭職。但靜下心想想，其實大家都有共同的目標，都是為了帶給台灣民眾最新的醫療技術、挽救生命，身為重粒子團隊的一員，他不能輕易放棄、離開。

北榮重粒子中心建置期間，除了外部廠商的磨合協調，還有一個更大的挑戰——新冠肺炎，長達三、四年的建置期，正好遇上疫情席捲全世界。

黃忻說，重粒子中心有很多設備，裝設之後需要日本技師到現場調校和測試，例如，重粒子運行的真空管長達一百多公尺，誤差不可以超過〇．〇五公釐，調校非常困難，必須由原廠技師親自進行，無法用視訊解決，但是為了防疫，台灣從二〇二〇年起實施邊境管制，日本技師要來台灣一趟，必須克服重重的防疫關卡。

突破疫情難關

首先是北榮要爭取日本原廠同意派出技師，接著再為日本技師向衛福部申請以專案方式入台，而且要在來台前提出審查；日本技師來台後，不能直接進入榮總，必須先在防疫旅館進行二十一天的檢疫隔離與自主管理。

來來回回的時間，加總至少三個月，拖慢了重粒子中心的建置速度，也延誤了原定的試運轉時程。

「那時整個團隊非常著急，但也只能不斷拜託原廠派人，」黃忻說，所幸日本企業有高度認真負責的精神，最後總是有技師及時出現在北榮。

只不過，每當任務結束要回日本前，每一位日本技師都會苦笑說：「我們回到日本後，還要再被關十四天……」北榮團隊更加感激，但日本技師也會笑著為台灣打氣，更被北榮在疫情中依然堅持的精神感動。

黃忻說，二〇二〇年前後，世界各地有許多單位也正在推動重粒子中心，卻因疫情而暫停，但北榮從來沒有停止腳步，團隊一心只想讓計畫穩定向前走，讓重粒子中心盡快啟用，幫助有需要的病人。

尤其，從二〇二一年開始，台灣的疫情日益嚴峻，北榮重粒子團隊還是按照既定計畫，展開試運轉的出束作業，也就是測試重粒子輻射能否順利生成。但，就在五月中旬，全台新冠肺炎病例暴增，中央疫情指揮中心發布全台三級警戒，很多人為了防疫改為居家工作，甚至停班、停課。

黃忻記得，全台警戒的日子，北榮全員照常上班，重粒子中心團隊很多成員除了忙著推動試運轉計畫，還要支援防疫工作，「但我們從來沒有想過暫停，只覺得能拚就要盡量拚。」

「醫工師是解決問題的角色，和醫師、護理師一樣，肩負醫療的使命，」他強調：「我們都希望用最好的設備、技術，去幫助更多病人，提高癌症的治癒率，這是北榮全體共同的使命。」

不放棄使命，成功出束

二〇二一年六月，重粒子中心的出束作業終於成功，在全體成員的歡呼和掌聲之後，團隊繼續走過一關又一關，同年完成測試驗收，隔年取得原子能委員會（現為核能安全委員會）核發的高強度輻射設施使用許可，以及衛福部的臨床試驗許可。

再過一年，北榮重粒子中心正式進入人體臨床試驗，成功完成全台第一

“

把自己做到最專業，精進每一個環節，提升自己，是體循師一定要有的態度。

——**鞠嘉漢**．振興醫院心臟血管外科體外循環組總技術長

”

例重粒子治療病例，之後又陸續完成五起病例，效果都很不錯，到二〇二三年五月終於正式啟用。

截至二〇二四年六月，北榮重粒子已治療超過兩百位癌症病人，並與美國梅約醫學中心（Mayo Clinic）簽訂合作意向書，未來要強化更多重粒子醫療研究。

重粒子中心啟用後，黃忻的工作是運轉員，負責在病人治療過程中，維持設備的穩定。雖然在絕大多數病人眼中，主要負責治療的人是醫師，不太知道運轉員的重要性，但他依然樂在其中，有著滿滿的成就感。

他說，重粒子中心有如一艘與癌症作戰的航空母艦。醫師如同艦長，負責整體的運作；物理師是作戰指揮人員，負責規劃及修正治療計畫；放射師則像飛行員，負責現場治療；至於運轉員，就是在船艙下層的鍋

爐房裡，負責整艘船艦的動力，讓出束正常、設備運作穩定，母艦順利往前航行。

也因此，黃忻認為，重粒子中心的每個人都有其重要性，缺一不可，他不在意自己是不是被看見，只在意這場戰役中，航空母艦經由團隊合作為病人帶來希望，而他自己也發揮了專業，更看見了醫工師角色的貢獻。

回顧十多年來參與重粒子中心的每一個階段，黃忻說，就像看著一個小生命從孕育到出生，出束測驗成功代表著小孩終於誕生了，中心啟用後則如同小孩子長大上學了。但他和團隊的任務還沒有結束，未來還要努力培養這個小孩成長茁壯，讓醫療能量持續提升，為更多病人帶來希望。

感受到生命與心臟的神奇奧妙

醫工師從後勤的儀器管理與維護，走向第一線臨床治療，成為臨床醫療不可或缺力量的，除了重粒子治療中心運轉員黃忻之外，體循師鞠嘉漢也是其中一個例子。

心臟是人體最關鍵的器官，控制血液流動，維持人體各項機能正常運作，心臟的跳動，開啟了生命，心臟的停止，結束了生命。但在醫學世界裡，在心臟外科團隊的手術檯上，心臟可以暫時停止再重啟，也可以摘下之後再跳動。這些神奇奧妙的過程，體循師是關鍵角色，他們操作維生系統，守護病人，彷彿讓生命暫時休息後重新出發。

振興醫院心臟血管外科體外循環組總技術長鞠嘉漢，有著三十年的體循師資歷，也是醫界少見具備醫工背景的體循師。他用醫工專業走向臨床，是振興醫院心臟團隊的重要成員，也是台灣心臟醫學權威、振興醫院院長魏崢的得力助手。

「在臨床直接面對病人，會感受到生命的神奇，帶來很多對人生的領悟，我很喜歡，」鞠嘉漢一九九二年畢業於中原醫工系，他說，大三實習時，他在台中榮總的放射腫瘤科，接觸不少做放射治療的病人，那種在臨床與人互動的過程，對他來說非常有趣。

畢業後入伍，他被分發到三總，先在急診室當勤務兵，每天帶病人到各個檢查室，讓他對醫院工作日益感興趣，之後再被調到外科部當傳令兵。那時的外科部主任魏峥剛在一九八八年完成台灣第一例心臟移植成功存活病例，是台灣心臟醫學界如日中天的明星醫師。

主動爭取加入心臟團隊

菜鳥小兵在魏峥辦公室協助行政總務工作，經常有外科部醫師來討論病例，鞠嘉漢要幫忙印資料、送公文，開會時要排椅子、排投影片，但他不是只「打雜」，還會認真旁聽，聽久了逐漸了解外科的臨床工作，覺得很有意思，醫工系畢業的他尤其對醫療儀器的運作感興趣。

鞠嘉漢愈來愈喜歡外科部的工作，尤其好奇人的心臟可以暫停改由人工心肺機代替。退伍前幾個月，他決定主動爭取留在三總工作，寫好履歷鼓起勇氣向魏峥表明意願。

多年後，魏峥回憶說，當時很意外這個小兵的毛遂自薦，但也看見年輕醫工師的熱情與企圖心。他一向認為心臟手術是一場團隊合作的戰役，手術成功與否絕非只靠主刀醫師，而是整個醫護團隊的共同努力，即使鞠嘉漢沒有臨床經驗，但他的醫工背景與學習態度，一樣可以為團隊貢獻力量。

鞠嘉漢自此踏入手術室，跟在資深體循師身旁，了解人工心肺機的運作，也學著如何操作儀器。不久後他正式退伍，無縫接軌進入魏峥的心臟外科團隊，隔年又跟著魏峥轉赴振興醫院外科部，正式擔任體循師。

三十年前，全台灣只有中原大學有醫工系，畢業生大多投入醫療器材產業、醫院醫工部門，或是進入電子、電機產業工作。「我是第一個做體循師的醫工系畢業生，」鞠嘉漢說，不但醫工系學生很少去臨床，一般醫院的體循師也多半由熟悉臨床、有手術經驗的護理師轉任，因此他很珍惜這個難得的機會，全力跟著資深體循師學習，也認真觀察心臟手術的進行，增加對臨床工作的了解。

團隊合作，成就醫學的力量

鞠嘉漢解釋，所謂的「體外循環」，是指在心臟手術過程中，以人工心肺機暫時替代心肺功能，使得心臟手術視野清楚，同時又可以維持組織器官的運作。

傳統開心手術大多在低溫且心跳停止的狀況下進行，病人被麻醉後，體循師先為病人架接人工心肺機並逐漸降低病人體溫，接著讓心跳暫停，醫師將病人胸骨鋸開後，人工心肺機的插管就會插在主動脈上，心臟即可接受一定程度的手術，待手術完成後再重新加熱病人體溫和電擊心臟，當心臟正常跳動穩定後再脫離人工心肺機，最後關上傷口，結束開心手術。

漫長的心臟手術過程中，醫療團隊有如與死神拔河，向上帝借時間。

鞠嘉漢說，通常心臟手術約需六到八小時，體外循環是很重要的一環，運作和需要監控的時間至少兩、三個小時，過程很緊張。不但術前要仔細建立體外循環管路，維持病人的生命，術中更要做好心臟保護，讓心臟維持低溫冬眠的狀態，同時嚴密監控病人的各項生理參數，包括：血壓、血液氣體分析等，「我們要看的數字，不亞於飛機機師要看的儀表板。」

體循師的壓力雖大，鞠嘉漢卻始終樂在工作。他說，自己非常喜歡手術室裡團隊合作的感覺，每一次參與心臟手術，都會看見主治醫師背後的強大團隊，有助手醫師、護理師、麻醉醫師、體循師等，大家一起完成任務，修補好受損的心臟，為病人打造全新的、健康的人生。

「每個人都全力以赴，團隊一起拚的感覺，實在很棒！」即使迄今已參與過數千台手術，鞠嘉漢說起團隊合作，神情依然興奮。

體循師猶如掌握生命之鑰的魔術師，相對，責任也非常重大。鞠嘉漢以心臟保護為例說，除了在手術檯旁工作之外，「取心」也是重要任務，就是在換心手術進行之前，先前往捐贈者所在的醫院，拿到剛摘下的心臟，盡快送回做換心手術的醫院。

跟時間賽跑，跟生命拔河

一路「送心」的過程，不但是跟時間賽跑，更是跟生命拔河。

三十年前鞠嘉漢剛在三總學習體外循環，第一次被派去取心時，一不小心差點毀掉一顆珍貴的心臟。

他說，取心小組有醫師、護理師和體循師，當年他還很菜，但三總因為體循師人手不足，只好派他去，沒想到他太過緊張，當護理師遞給他一支無菌管，要他插進心臟保護液時，他竟然一不小心讓無菌管滑落，馬上換來醫師一陣罵：「搞什麼！心臟在等了，你還沒弄好？」幸好護理師資深有經驗，趕快拿出備用無菌管，解決了問題。

取心小組不但要保護心臟，更緊張的是搶時間，因為心臟摘取之後的黃金保存時間只有六小時。鞠嘉漢說，體循師負責取心和送心的交通流程，並隨時向醫院回報進度和所需時間，但二、三十年前手機不普遍，他經常要找電話向醫院回報進度到哪裡了，還要說明使用的交通工具，讓院內算妥時間做準備。

尤其在沒有高鐵的時代，不時要搭飛機到外縣市取心，小組拿到心臟後，一路狂奔到機場，鞠嘉漢要不斷和航空公司聯絡，甚至拜託航空公司「等一下」。

如果是到花東，回程更是緊張。鞠嘉漢說，因為班機很少，而且天氣一有狀況就會停飛或延遲起飛，所以一定要充分掌握行程；後來有了高鐵，團隊還規劃替代方案：萬一飛機飛不了，就繞南迴到高雄坐高鐵回台北。

分秒必爭又攸關生命的工作，為體循師帶來很大的壓力。但鞠嘉漢說，三十年來他沒想過放棄，反而常常思考如何改進取心流程，後來他日漸資深，會帶著團隊一起討論，讓取心流程更流暢、更快速。

例如，如果是從高雄取心回台北，事前一定要訂妥車程九十分鐘左右的直達車，不能訂到兩個多小時的「站站停」班車。

「精進每一個環節，提升自己，是體循師一定要有的態度，」鞠嘉漢說，醫學不斷進步，隨時都有新的儀器和手術模式誕生，體循師也要不斷學習，他更慶幸，「在振興團隊裡，魏峥院長會針對成員的背景和個性予以培養，或是讓成員發揮，為團隊帶來貢獻。」

不想放棄，只想更好

十多年前，鞠嘉漢為提升專業，重回中原生物醫學工程研究所攻讀碩士班，特別以主動脈剝離手術為論文主題。他說，主動脈剝離是心臟手術中比較困難的一種，當時他的論文〈體外循環中人工血管端對邊縫合於周邊動脈時夾角之探討——以體外模型對右鎖骨下動脈之灌注為例〉，便是從學術和臨床的角度，闡述如何讓手術時的體外循環做到更好，有助於醫師提高主動脈剝離手術的成功率或降低併發症。

這篇論文後來被選中在心臟醫學會的會議中發表，鞠嘉漢對著台下醫師侃侃而談，獲得很大的回響，他也成為在心臟醫學會發表研究的第一位「非醫師」，更讓他體會到體循師除了臨床技術工作，也可以投入研究領域，去推動醫學進步，站上不同的高度。

長年深入心臟外科醫學領域，也讓鞠嘉漢對生命多所體悟。他說，一般外科手術只麻醉病人，但心臟手術要特別啟動體循，「我在手術檯旁看著病人沒有呼吸，沒有心跳，然後再看到手術完成，心臟又跳了，呼吸又開始了，好像走過一趟生死之旅，非常神奇。」

直面生死之際，更讓鞠嘉漢看見人間悲喜，走過很多感動與感傷。

鞠嘉漢最記得一次換心手術時，摘心手術前院方原本要依慣例先向捐心者家屬說明流程，但其中一位家屬卻直到摘心完成後才匆忙趕到。他進一步了解才知道，原來這位家屬是表演工作者，當晚首度公演，他是主角，只能忍痛留在舞台上。而那一場表演，台下觀眾席原本應該坐著那位腦死捐心者。「看到這樣的生離死別，我們雖為換心成功高興，但真的也很難過……」二十年過去，鞠嘉漢至今仍難忘那位捐心家屬最後趕到醫院時，臉上滿滿的淚水。

還有一起換心案例，是腦死的小女孩捐心給一位小男孩。在捐贈和受贈雙方的家長要求下，振興醫院為他們安排見面。當小女孩的爸爸抱起受贈的小弟弟，趴在他胸前傾聽女兒的心跳聲時，那一刻，全場每個人都忍不住落淚，大家感傷生命的逝去，但也感動生命的奇蹟。

鞠嘉漢說，這些故事都是讓他繼續做下去的動力，他看到生命用另外一種方式延續，也看見了體循師工作的意義。

很多時候，病人或家屬也引領鞠嘉漢成為更好的體循師。

家屬教會我的事

有一次鞠嘉漢到台東取心，由於時間緊迫，他取得心臟並確認班機沒問題後，放下心中大石，和同事提著裝有心臟的冰桶，帶著愉悅的笑容走出手術室。回到台北後，換心手術很順利，醫院也特別寫信去感謝捐贈者家屬。

捐贈者家屬很快回信了，沒想到信件主題寫著六個字「里有殯，不巷歌」，這是《論語》中的一句話，意指鄰里有人辦喪事時，不要在巷子裡唱歌。原來當天鞠嘉漢和同事走出手術室時，捐心的家屬在等候區聽見了他們的笑語，非常難過，信中沒有責怪的意思，只是溫和提醒他們，為往生者家人想一想。

短短六個字，為鞠嘉漢上了從沒想過的一課。

他說，一般在手術室外等候的家屬，很樂於看到醫護人員笑著出來，因為那代表手術順利，是病人的重生，但是對器官捐贈而言，當醫護人員完成任務走出手術室，卻代表病人的真正死亡。

從此，鞠嘉漢和體循團隊在每一次取心作業時，總是抱著嚴肅和感恩的心情，更會在走出手術室時，默默朝向等候區低頭致意。

把自己做到最專業

從醫工系畢業至今，鞠嘉漢始終在魏崢帶領的心臟外科團隊中，堅持著體循師的責任。即使外界很少注意體循師這個角色，也鮮有掌聲，但他始終甘之如飴。

他說，體循師或醫工師往往就像戲劇舞台上的綠葉角色，雖非耀眼明星，卻有著不能被磨滅的意義。

大學時期，鞠嘉漢也曾對醫工師的角色感到迷惘。一位學長告訴他，一切醫療相關行業中，有醫師的才能叫醫院，只有醫檢師的叫檢驗所，只有護理師的叫護理之家，醫師絕對是醫院的核心角色，但醫工師不必悲觀，只要在團隊合作中把自己做到最專業，知道自己在做什麼，不一定需要被看見。

「把自己做到最專業」成為鞠嘉漢一路走來的信念，在臨床工作與團隊合作的大半生裡，他一步步發揮最大價值，未來更希望把這份經驗傳承下去，讓更多新一代的醫工師為醫學努力。

這樣的努力與突破，也是傳承給所有醫工人的美好示範。

3 開疆闢土者

做好專業，提升醫病福祉

掌握新興技術與發明，引進病人需要的醫療器材，讓醫療人員都能擁有最佳的工具和技術，不僅能幫助人，更能用好產品提升醫療品質，這是醫工人最開心的事，也是醫材廠商最驕傲之處。

如果說，醫院裡的醫工師是醫學與工程之間的橋梁，那麼，投入醫材產業的醫工人，更是醫療科技與台灣醫院之間的橋梁。他們透過引介最新儀器進口，推動了台灣醫療產業的進步，造福無數病人。

九〇年代的台灣，先天或重度聽力受損者，幾乎只能活在無聲的世界裡，即使配戴助聽器，效果也有限。三十多歲的林文正，剛成立科林儀器公司沒多久，常思考著可以為身心障礙者做點什麼。

謝謝你，我不用跳樓了

在突破重重難關之後，他引進國外研發成功的人工電子耳，與醫界合作，至今已為近四千位聽障者成功植入，重建充滿希望的人生。

「我永遠記得那個聽障兒媽媽的眼淚，她喜極而泣的神情，讓我確定了一生的使命，」回憶起當年第一個裝設人工電子耳的病例，林文正依然感動。他說，那個孩子一出生就只有微弱聽力，孩子的媽媽跑遍醫院和廟宇，讓孩子吃過無數藥物和偏方，始終沒有起色，最後在長庚醫院為孩子做了人工電子耳的手術。

當手術結束，醫師為孩子測試時，孩子一個轉頭，望向了聲音來源，那一秒，媽媽的淚水再也止不住，她哭著告訴醫師和林文正：「謝謝你們，我今天不用跳樓了。」原來，長輩多年來的責難已壓垮了她，這次若再不成功，她打定主意要從長庚醫院的頂樓往下一躍。

用醫工專業走向企業之路

林文正是中原醫工系第二屆的畢業生。他回憶說，自己的第一個工作是到代理醫療器材進口的「雄恆行」當工程師。台灣醫院的醫療器材多仰賴進口，來台後要靠代理商的工程師學會操作、保養和維修。那時的他如同白紙，苦讀各種相關書籍和資料，甚至連儀器的原理和線路都自學，遇到困難的英文醫療用詞也要自己設法搞懂。

「一開始當工程師時，說實在的，我沒有退路，你不能跟老闆和醫師說

『我不會』，」拚勁與認真引領林文正快速成長，沒有幾年他就成為公司的二把手，面對外國原廠，他可以代表公司溝通，面對台灣的醫院客戶，他的專業能力和服務品質更贏來肯定。

但林文正並不以此滿足，而是思考著如何用企業化的方式經營醫療器材產業，讓更多更好的儀器進入台灣。早在大學時代，他已決心創業，他大量閱讀財經與管理書籍，也修了很多企管系的課程，立志要運用醫工專業，做出一門造福病人的好生意。

一九八六年，在雄恆行董事長鄭昭的支持下，林文正成立科林儀器，並且在創業第二個月，就靠專業實力，拿到國際知名眼科器材的台灣代理。

三年多後，林文正又遇到另一個機會。在參加國外的醫材展覽時，聽到澳洲新研發成功一種人工電子耳，效果非常好，他立即找到原廠，希望代理他們的產品。

一開始，對方非常驚訝和遲疑，因為他們曾多次來台找代理商，卻不斷碰壁，理由是人工電子耳的價格高達新台幣八、九十萬元，台灣的代理商認為不可能有市場。

但林文正不怕挑戰。他告訴原廠：「I'm so enthusiastic to try.（我有熱情嘗試）」，並且他大量研讀聽力相關論文與書籍，認為人工電子耳是醫學上的重大進展和發明。然而，當他帶著人工電子耳拜訪學界和特教界時，卻換來很多人對功效和價格的質疑，但他始終堅持「只要對病人好，就該一試」。

他的熱情和決心，打動醫院和聽損者，不久後長庚醫院開始採用，長庚醫院創辦人王永慶更慷慨允諾提供病人補助。之後，隨著人工電子耳的成效、口碑快速傳開，馬偕、台大、榮總、成大等各醫學中心也跟進使用。

打破傳統，走向B2C

人工電子耳的成功，讓林文正對幫助聽障者的使命感日益增強。幾年

“

要做就做最好、最專業的，醫療器材產業的醫工人，永遠不會忘記自己的責任。

——**林文正**・科林儀器創辦人

”

後，科林又爭取到一家瑞士廠牌助聽器的台灣代理權。

為了推廣助聽器，科林再度從頭開始。

骨子裡的醫工人血液不斷提醒林文正：要做就做最好、最專業的，而不是只求賺錢。他要求原廠介紹聽力學專家來台灣，協助訓練科林的技術和服務人員。之後的二十多年，科林始終持續辦理教育訓練，提供聽損者最優質的使用經驗。

二〇〇一年，科林大膽創新，打破多數助聽器廠商的家庭式經營模式，成立了第一家直營店型態的聽力中心，從一般醫療器材廠商的B2B營運模式轉向B2C，直接面對消費者。

聽力中心內部設有聽語訓練中心、服務中心、聽檢室，等同醫學中心的耳科設備。這是台灣第一家由醫材廠商設立的助聽器直營店，林文正說，當時同行都不看好，但他深信奧地利經濟學家熊彼得說的「創新是利潤的來源」。

後來事實證明，科林一方面運用醫工專業協助聽損者，另一方面用服務業的精神服務客戶，很快便站穩腳步，二〇〇九年更成立科林助聽器直營門市，進一步深入耕耘B2C領域。

堅持正派經營，把當下做好

如今，科林的助聽器直營門市已近一百間，位居聽力輔具市場領導地位，科林代理的澳洲品牌人工電子耳，在台灣市占率高居第一。三十多年來，科林在外國原廠和台灣客戶之間建立了好口碑，愈來愈多的醫療器材國際原廠對科林這個品牌有著信任與信心，科林旗下經營的產品已橫跨聽力、眼科、睡眠呼吸與保健營養品。

「一直到現在，很多外國原廠都知道亞洲的科林服務最好、專業最強，」林文正自豪說，這一切肯定來自科林不斷的自我要求、提升品質，當機會與改變來臨時，就能充分迎戰。

他舉例，剛引進人工電子耳時，科林就引進ＩＳＯ系統，有最嚴謹的標準作業流程，從術前說明到裝設之後的定期回訪、了解使用情形，每一個細節都不放過。

林文正另一個贏得肯定的關鍵是正派經營，用實力爭取客戶的支持，不走旁門左道。

從投入醫療器材產業的第一天起，林文正便堅持不靠交際應酬爭取客戶。他坦言，早期因此遇過挫折，常被醫院拒絕或遭醫師冷眼相待，但他相信，要先捨掉某些事情，才有能量做更好的事。

他想得很清楚：「憑什麼醫院醫師要買我的產品？如果我的產品不能幫助他，他憑什麼要幫我？」與其用交際應酬或削價競爭，甚至走後門等手段去換來生意，科林寧可做好服務，引進最好的技術和器材，讓醫院和醫師提升醫療量能，讓病人獲得最佳醫療效果。

林文正的堅持，換來了尊敬，科林的業績也年年成長。甚至，醫界很多人知道，科林不但自己正派，對客戶也要求正派。

他提到，多年前曾有醫師向科林訂購價值兩千萬元的設備，臨交貨前突然要求發票的銷售項目要開「耗材」，因為可以申請健保給付，他馬上告訴對方：「不好意思，兩千萬我們不做了。」

初心，想用醫療器材幫助人

從醫療器材工程師到醫材進口商，林文正很欣慰自己透過醫療器材去幫助人，這是醫工人最開心的事，也是醫材廠商最驕傲之處。

他認為，醫療的終極目的不是獲利，醫材產業也是如此，他常跟員工說：「如果可能的話，賺點錢，如果必要的話，賠點錢，但永遠要做好顧客服務。」

林文正坦言，人工電子耳是科林所有部門裡利潤最差的產品，因為價格貴，必須把利潤壓低，以近乎成本的價格銷售，再加上提供病人終生服務，也賺不到什麼錢，但這是醫療產業的社會責任，科林願意「賠一點錢」。

於是，從社會公益的角度出發，科林還進一步為人工電子耳使用者舉辦交流活動，讓聽損兒家庭互相打氣。在林文正的堅持下，科林長期提供免費社區聽檢、舉辦聽障教師表揚、培育聽力產業人才，捐贈中低收入家庭兒童助聽器等。

三十多年前，從聽損兒媽媽的淚水中看見自己的使命，如今看著科林的努力開出遍地繁花，林文正堅定地說，醫療器材產業的醫工人，永遠不會忘記自己的責任。

同樣本著醫工人的使命，希望讓醫療現場有最好的產品設備、讓病人有最好的醫療品質，杏昌生技從零開始，全力為醫院引入最佳洗腎儀器。即使創業艱辛，也沒有改變這份志向。

在最沒有市場的市場開疆闢土

如今的台灣常被喻為洗腎王國，洗腎率世界第一，但是在三十多年前沒有健保的時代，洗腎一次的費用近萬元，接近一般人一個月的薪水，有能力洗腎的病人少之又少，洗腎被視為「最沒有市場」的醫療行為。

創業初期的壓力來自四面八方。「老家的親戚、鄰居還笑我，讀到大學畢業，竟然在當『牽猴仔』（早期是指不動產買賣的中間人、掮客或介紹人），成天推銷東西……」杏昌總經理陳國師苦笑中帶著自豪。

陳國師畢業於中原醫工系，進入醫療器材代理廠商杏全公司當工程師。當時洗腎儀器進口只是杏全旗下很小的部門，一九八九年，杏全讓洗腎業只要是好的產品，未來一定有機會；勇氣和遠見，是企業能不能成功的關鍵。

——陳國師．杏昌生技總經理

務轉成獨立公司，由幾位主力幹部一起出資成立杏昌公司，陳國師也是其中一位。

陳國師和創業夥伴準備全力進攻洗腎儀器市場，但是他們請教了很多醫院，卻沒人有興趣，更有人認為，杏昌只是一家新的小公司，完全沒有成功的機會。

但，幾個年輕醫工人不死心，而且他們發現日本品牌「東麗」（TORAY）的血液透析機（俗稱洗腎機）很不錯。東麗是日本知名電子產業公司，從化學材料起家，旗下東麗醫療新推出洗腎機進軍醫療市場。

此時，陳國師的醫工背景幫了很大的忙。他分析，洗腎機最主要的功能是，讓血液經過人工腎臟時排掉毒素，同時移除多餘的水分，也就是脫水的概念。相較於當時其他歐美廠牌的洗腎機，東麗的脫水量更加準確穩定，有實力取代市場上原有的器材。

但，光是產品好並不夠。

從中小型醫院診所站穩腳步

在台灣的醫療市場上，「東麗」是個完全陌生的品牌，杏昌向各大醫院介紹時，即使強調它的功能更好，幾乎所有的醫師都搖頭，也沒人願意嘗試使用，理由不外是「沒聽過這個品牌」、「洗腎機不都一樣嗎」。

連番的碰壁讓夥伴們很挫折，但大家還是不想放棄，因為「如果輕易放棄介紹好產品，醫師和病人可能就會失去提升治療效果的機會，」陳國師回憶創業夥伴們當時的心境。

很快，杏昌團隊調整行銷策略，改從非都會區的小診所開始推廣。

「相較於大型醫院的採購限制多、審查多，私人診所選購器材的彈性比較大，」陳國師說。結果，不少診所願意試試東麗洗腎機，許多實際操作的護理人員反映，新品牌比較穩定，病人也感覺使用後比較舒服。

東麗洗腎機的口碑，逐漸在中小型醫院診所間建立起來。這時，林口長庚腎臟科主任黃秋錦（現為中國醫藥大學講座教授）同意試用這款洗腎機，發現效果不錯，決定正式採購。黃秋錦是台灣腎臟醫學界的權威，她的決定，影響了多家醫學中心對東麗洗腎機的看法，後來逐漸跟進採用。

洗腎機的成功，讓杏昌生技站穩腳步，如今回想，陳國師自豪地說，那是一種開疆闢土的精神，雖然當時洗腎市場很小，但杏昌團隊覺得，只要是好的產品，未來一定有機會，「勇氣和遠見，是企業能不能成功的關鍵。」

三十五年來，杏昌集團從洗腎起步，逐漸展開多角化經營，代理的產品範圍橫跨腎臟科、心臟內科、放射科、整形外科、脊椎外科、呼吸睡眠、重症加護醫療、長期居家照護、保健器材及營養食品等領域，也進軍中國大陸及印尼市場。

「每一次新產品的引進、新業務的開展，背後都代表著醫療器材產業的進步，以及醫工人的使命，」陳國師說。

用責任與專業換來尊敬

其實，他有很多大學同班同學後來都轉進科技產業，成就和收入很不錯，但他從來不曾想過「出走」，反而對醫工產業有一種執著與熱情，每當看見有更新、更好的醫療器材，總是想去嘗試一下，思考著「如果引進台灣，可以為病人帶來怎樣的希望？」

陳國師經常告訴員工：「醫療器材廠商要有使命感，有了使命感才有熱情，才能接受挫折，把沒有知名度的新產品向不認同的醫師推廣，一直一直去找他們，說到讓他們接受你為止。」

他也鼓勵員工，不要急著想業績，而是把推廣醫療器材當成「積善」的產業，因為「當醫院認識了新產品，可以對病人有好的治療，改善病人的生活與生命品質，就是對社會的貢獻。」

伴隨熱情與使命感的，還有醫工人的責任與專業。

陳國師經常跟員工說起自己年輕時被人嘲弄為「牽猴仔」的往事，那時他沒有太多辯解，因為他深知自己在爭取客戶的同時，一定會提升專業、負責到底，絕不會變成一個卑躬屈膝、只靠一張嘴的「牽猴仔」。

從踏進醫療器材產業的第一天起，陳國師便要求自己不斷充實專業能力，杏昌成立後，創業夥伴們也都很重視員工的教育訓練，從工程師到業務人員都要理解自家代理的設備儀器，還要了解醫師、病人、護理人員使用時的狀況，使用後又會帶來怎樣的影響，向原廠回饋訊息，同時也要跟上國際醫療趨勢，掌握新的技術與發明，把適合的產品引進台灣。

「當你有了專業，醫師會認同你，尊重你，你可以跟他平起平坐，成為他重要的好幫手，他也會因你而放心，」陳國師說，專業的另一層意義是負責，也就是提供使用者最完整的服務，讓醫師放心使用產品，讓病人安心接受治療。

帶動洗腎產業改變

以洗腎來說，當洗腎機發生問題時，即便是半夜，杏昌的工程師都必須盡快趕去現場。因為洗腎病人都是重症，如果洗腎過程不順利，結束之後一定不舒服。

尤其早年在偏遠鄉鎮，多數洗腎診所沒有備用機，當洗腎機一出現問題，或是颱風天交通不便而臨時缺乏耗材，杏昌的維修人員一定會緊急支援，風雨無阻。

「杏昌的員工都知道，要把售後服務當成家人的事情來看待，」陳國師說：「我們將心比心，如果洗腎病人是我們的家人，因為機器不能維修而無

“

我們把每台機器都當自己的小孩，只要有心多做一點，就能協助醫院降低風險，造福病人。

——**邱盈翔**．友信集團戰略組協理

”

法洗腎，即使『只』往後延一天，對他們都是風險。」

他進一步解釋，杏昌除了隨叫隨到的維修態度，身為醫工人，更重視平時的維護保養和校正，對每一台產品都有著完整的標準作業流程，務必要保持儀器的絕對準確。

為了強化洗腎機的穩定運作，在九〇年代初期，杏昌率先提出「洗腎機保險」的概念。

陳國師解釋，這是一種類似汽車保險的做法，因為一台洗腎機價格約需三十多萬元，一旦故障維修換零件，是醫院、診所不小的支出，因此杏昌推出保險制度，客戶只要預付一點保費，保養或故障維修時就由保險給付，不用再付錢。這個制度很受客戶歡迎，同業也陸續跟進或推出類似的保固制度。

杏昌的堅持，許多都在醫療器材產業發揮了示範作用。

「三十多年下來，愈來愈多同業跟進杏昌的做法，整個洗腎產業的文化都跟著改變，醫療品質隨之提升，這正是醫工人對社會的最大貢獻與價值，」陳國師說。

專業，讓企業長青不老

從一台沒有名氣的洗腎機開始，如今杏昌代理的東麗洗腎機在台灣的市占率已達三分之一，一年銷售四百五十台。陳國師說，多年前他常在一些國際醫材展覽和會議上，面對歐美知名品牌洗腎機原廠的詢問：「為什麼一個非名牌的洗腎機，在台灣能做到這樣的規模？」甚至有其他品牌的原廠經理跟他抱怨：「每次在總公司開會都被唸：為什麼會輸給這個亞洲小牌子？」

陳國師總是笑而不答，心裡卻升起無比的驕傲，其實真正的答案很簡單，就是一份醫工人的堅持、熱忱，恆久不變。

用熱情與勇氣開拓市場之外，科林、杏昌用專業贏得一片天地，而這也正是友信醫療集團歷經七十年歲月仍然長青不老的關鍵。

在台灣的醫療產業裡，提起友信，多數人都會說上一句「老字號」，友信陪伴台灣醫療產業成長，迄今擁有許多的台灣第一，包括：動力外骨骼系統、遠端親臨醫療系統、機器人關節置換系統、全身3D掃描系統等精準醫療設備，產品布局涵蓋骨科、神經外科、復健科、感染科、急診科，更是國際醫材大廠與台灣各大醫學中心眼中的模範廠商。

友信成立於一九五五年，創辦人施雲飛原是檢疫官，之後成立友信醫療集團，引進國外原廠藥品，因為與荷蘭飛利浦公司建立了良好關係，雙方進一步合作醫儀設備代理，取得飛利浦放射線診斷設備的台灣代理權。

面對國際知名大廠與國內各大醫院，友信從誠信與負責出發，建立起好口碑。一九七〇年後，飛利浦推薦同樣也是國際大廠的西門子與友信合作，友信取得西門子放射線診斷設備台灣地區總代理權，陸續引進全台第一部全身電腦斷層掃描儀和直線加速器。

「飛利浦和西門子是競爭對手，卻願意介紹對手給我們，」友信集團戰略組協理邱盈翔驕傲地說，關鍵原因來自友信對工程師的嚴格訓練，提供客戶全方位的服務，讓各大醫院滿意，也讓原廠認為與友信合作非常有保障。

打造工程團隊，一站式服務做好做滿

友信前期代理的產品以醫療影像儀器為主，邱盈翔表示，這些儀器屬於中長期設備，平均有七到十年的壽命，代理廠商引進給醫院，不能只重視前段的銷售利益，更要注意後面的保養維護，否則只要當機，即使短短幾分鐘都有可能造成醫院損失，甚至危及病人生命。

那時原廠在台多半只是一個窗口，服務很難完全到位，邱盈翔說，友信認為，「與其等待原廠支援，不如我們自己來做。」八〇年代，友信總裁施濟濤自父親施雲飛手中接掌公司後，對醫院推出全新的「一站式整合服務」。

不同於其他代理商把經營重心放在業務團隊，友信打造了強大的工程團隊，更首創醫療設備年度保養合約，定期提供整合型的維護服務，當客戶有需要時，友信也會盡快到修。邱盈翔說，一開始同業都覺得「怎麼可能」，畢竟這種合約成本很高，一般只提供「壞了再叫修」的隨叫隨到服務。

但友信認為，這種服務的效益偏低，對醫療品質也不好。為培養能完成整合型服務的工程師，友信投入極高的成本進行教育訓練，定期安排工程師赴原廠培訓，最長達三個月以上。

友信的工程師團隊從此成為許多醫院的最佳幫手。邱盈翔說，早期友信的工程師有六十多人，後來公司發展到兩百多個員工時，工程師更超過百人，占了一半以上。

邱盈翔笑著說：「我們老闆把每台機器都當自己的小孩，最怕沒有照顧好，會影響醫院和病人。」也因此，即使儀器設備是賣斷的，但友信主動在大型醫院客戶的影像醫學部裝設恆溫恆濕裝置，監控儀器的溫濕度，一旦發現問題可快速通知客戶、派遣工程師維護，減少醫院損失。

不只照顧儀器，更打造正子中心

他舉例，有一次某家醫學中心的檢查室半夜失火，但院內沒發現，反而是友信總公司系統發出警報顯示環境溫度升高，他們立即通報醫院，而且馬上派工程師趕到現場為儀器做好防火隔離，也因為快速通報，醫院很快滅火，未波及其他設備和檢查室。

「後來才知道，起火原因來自另一家廠商的儀器線路短路，但第一時間的警報來自友信，」邱盈翔強調，友信始終堅持責任感，有些代理商不做的事，可能被認為無關緊要，但只要有心多做一點，就能協助醫院降低風險，造福病人。

友信強烈的責任感，換來各大醫院的肯定，邱盈翔說，這也形成友信很大的特色，很多生意不是來自業務部門，反而是醫院客戶基於對友信工程師的信任，主動繼續採購其他設備。

但，二〇〇三年，友信迎來更大的挑戰，也是一次契機。

長期與友信合作的三總，為強化癌症的診斷治療，籌設台灣第一個正子斷層造影中心。邱盈翔說，當時友信代理正子中心的主要設備迴旋加速器，便進一步承擔起整座正子中心的規劃設置。

短短大半年，不曾「幫醫院蓋中心」的友信，由施濟濤領軍，從儀器設備、建管消防到土木工程，挑戰不可能的任務。

邱盈翔說，三總對時間進度的要求很高，友信加速趕工，在二〇〇二年十二月動土後，隔年三月便順利安裝迴旋加速器、四月安裝正子造影儀，七月正式落成啟用，成為《游離輻射防護法》二〇〇三年開始施行後，全國第一個獲得原子能委員會審核通過的放射性物質生產設施的正子中心，也讓友信在台灣醫療史上留下了難以抹滅的貢獻。

率先引進第三代達文西手臂

友信在影像醫學領域的成功，讓外國原廠和台灣醫界刮目相看，也帶來新的機會，開始走向更多不同醫療科別的儀器設備，外科手術設備便是最先開始的一項。

看準醫療機器人的趨勢，友信引進台灣第一台第三代達文西手術機器人（俗稱達文西手臂）。邱盈翔說，開始推廣達文西手臂也面臨不小阻力，當時達文西手臂在台灣還不是很普及，一些外科醫師擔心工作被機器人取代，而且認為達文西手臂缺乏他們習慣的手感，因此有些抗拒；再加上，一台設備要價上億元，只有醫學中心才有能力設置，但醫學中心的空間珍貴，醫院也擔心放一台達文西手臂能否有足夠效益。

施濟濤決定從教育訓練著手，友信投入大量時間與經費，為醫師、醫院技師和友信的工程師辦理教學訓練。這份努力很快換來成果，二〇〇九年北榮正式啟用了這台當時最先進的第三代達文西手臂，也是亞洲地區第一台。十多年後，友信的達文西手臂已覆蓋全台各大醫學中心，累計培訓五百多位醫師，年度手術量超過八千例，廣泛應用在各大科別。

邱盈翔說，國外原廠也看見這個成果，更肯定友信的服務品質，二〇一二年、二〇一三年兩度頒發「服務金獎」給友信，這是各國代理商極難得的殊榮。

近年，友信進一步跨足精神科與醫院資安領域。前者是引進深層經顱磁刺激（Brainsway Deep TMS）治療系統，改善難治型憂鬱症病人的病情，已獲台大、三總和北榮等醫學中心使用；另外，因為高階醫儀設備具備連網能力，潛藏資安風險，近年來成為政府重點稽核項目，友信根據醫療儀器不同配置，串接資安弱點通報機制，成功協助多家醫院進行風險監控，完善營運技術資安的稽核項目。

醫材廠商要與時俱進

從影像醫學走向手術、身心靈與醫院資安，友信的發展緊扣時代脈動，邱盈翔強調，醫療器材廠商要有與時俱進的創新與領先精神，近年的目標是走向統合。

他解釋，如今多數疾病已非單一設備或治療就可完成，但醫療相關組織仍然只針對單一領域去發展新的功能與技術，例如，病人做某一項手術，術前有影像檢查、術中有麻醉、動刀、縫合，之後還有癒合、復健甚至諮商。

因此，友信正積極發展全人的一站式服務，為醫院進行各式設備和流程的統合，讓醫療資源更有效益。「這是友信的願景，也是責任，」邱盈翔說，雖然只是剛起步，但一如過去七十年的堅持不懈，友信將在新領域繼續開疆闢土。

4 跨域的火花

邁出去，目標就沒有那麼遠

醫學、工程、通訊科技、人工智慧……，在無聲中結合，勇敢跨域的醫工人，與不同領域的專家學者合作，共同推動醫療器材研發更細緻，以及醫療技術的創新，用專業與研發，在世界舞台上嶄露頭角。

在科技迅速發展的時代，醫學、工程、通訊技術和人工智慧……，這些不同領域的知識和技術，正以一種無聲而深遠的方式，邁出各自的領域，逐漸融合，為人類健康福祉帶來前所未有的變革。這種跨界融合擦出的火花，不僅改變了我們對醫療的理解，也重新定義了醫療服務的未來。
成大醫院小兒骨科主任林啓禎，便是其中一個例子。

李政道、楊振寧的啟發

林啓禎是成大醫學工程博士，曾經擔任成大醫院骨科部主任，在成大醫學院任教職超過三十年，以小兒骨科、骨科、生物力學、醫學影像等主題發表的ＳＣＩ研究論文超過百篇，也發明了許多種小兒骨科手術方法，例如：腦性痲痺兒童的網狀肌腱延長術、膝關節習慣性脫臼矯正手術等，讓兒童可以獲得更安全、有效的骨骼關節治療。

出身醫生世家的他，成為一位醫師，似乎並不意外。

「出生三個月，祖父就生病過世，臨終遺言是要我當醫師，」林啓禎曾在媒體報導中提到，他從國小、國中到嘉義中學，都是全班第一名，於是在大學聯考時，父親就用祖父的遺言激勵他，「最後我考上了台大醫學系。」行醫四十餘年，他獲得不少重量級獎項的肯定，例如：二〇一八年的「醫療貢獻獎」、二〇一九年的「台灣醫療典範獎」。

然而，是什麼啟發了他，從骨科醫師跨界投入醫學工程領域？

「其實，高中的時候，我就想學物理，因為知道李政道、楊振寧回台灣，是我國第一個諾貝爾獎物理獎得主，」林啓禎笑著說：「我曾經很喜歡理工，後來因緣際會學了醫，後來又學了醫工、學了骨科學，就覺得把它們結合在一起很重要。」

骨科名醫跨域挑戰

採訪那天，在小小的會議室裡，牆邊放置著許多鋼釘、鋼板等骨科器材，林啓禎一一細數，同時也帶出這位骨科醫師如何完美結合醫學與工程。

「我是先做骨科醫師，後來才去念醫工，因為骨科會用到很多醫學工程的工具，」林啓禎提到，像是人工關節、骨釘，「如果是骨科醫師來思考跟設計，會更符合病人的需求。」

他的主要研究項目是小兒神經肌肉疾病，尤其是行走有困難的腦性痲痺兒童需要做的功能評估、步態分析等。以步態分析為例，身體特質和不同動態類型都可能是影響步態功能的重要因素，生物力學的研究在臨床治療上相當重要，而生物力學正是醫學工程的一個重要學門，包含開刀術式的選擇也深受影響。

林啓禎說明，以前做小兒肢體肌肉延長手術，通常都先切斷肌肉，拉長後再縫起來，但是在研究生物力學、步態分析後，知道孩子肌肉延長時，必須依然能夠放鬆，避免產生太大張力，於是他發明了「魚網式延長法」，不必切斷肌肉就可以達到目的，大幅縮短小病人在手術後的恢復期。

確實，當醫學與工程專業結合，不少臨床上的困境往往迎刃而解。

林啓禎舉例，小兒骨折時，醫師最常使用的治療方法是「封閉式復位」，也就是毋須打開皮膚，而是透過X光機的輔助，確認骨折復位後，再植入骨釘做內固定處理，好處是術後只會留下打入骨釘部位的小傷口，可以較快速復原。問題是，如何精準定位？雖然有X光機輔助，但二維空間的X光影像和真實世界三維空間的骨頭狀態，難免產生誤差。

親身投入醫工，解決臨床困境

這個問題，可以藉由科技工具來解決，只是以往醫學與科技界缺乏溝通的橋梁，工程師往往難以掌握醫師的真實需求，醫師也不理解明明已經溝通清楚，為什麼工程師設計的器材還是不實用。直到林啓禎親身投入醫學工程領域，終於解決。

「與其讓工程師來學醫，不如我自己去學工程，這樣我就可以用『醫學

“

我很喜歡理工，因緣際會學了醫，後來又學了醫工、骨科學，就覺得把它們結合在一起很重要。

——**林啓禎**．醫策會前董事長

”

工程師的語言』來溝通，」他笑著說，「我把困擾和醫工師們討論，共同研究、設計出利用超音波影像輔助工具打釘子的方式，解決了臨床治療上的問題。」

同樣是跨領域結合醫學與工程的，成大前瞻醫療器材科技中心主任蘇芳慶則是另一個例子。不過，與林啓禎不同，他是從工程領域進入醫學的世界。「我的目的是為了做臨床，他是以做研究為主，」林啓禎直接點出兩人出發點的不同，但目的卻是殊途同歸，都是希望讓病人可以獲得更好的醫療效果。

來自台南白河的蘇芳慶，童年時，家鄉還不是「蓮花之鄉」，而是一片片的水稻田，他必須到田裡幫忙家人農作。年紀尚小的他，只能在田裡「搓草」，算是除草兼施肥。但，如同許多成大人都會開的玩笑，同時也是一種自勉——成大的校訓「窮理致知」，用台語唸是「窮你就知」，貧窮、沒有資源，更要去闖。

機械博士投身醫工

不過，從學歷看，蘇芳慶是成大機械工程學士、台大機械工程碩士，畢業後，在一九八九年於美國紐約羅徹斯特大學（University of Rochester）取得機械工程博士學位，是個百分之百的「機械工程人」。這樣的人才，應該是半導體、電子產業爭搶的對象，怎麼會從機械工程大轉行，投入醫學工程？更何況，三十多年前不只是台灣，在世界其他各國，醫工都還是非常新穎的領域。

「這是傻人有傻福，誤打誤撞！」他笑著這麼說。

原來，當年蘇芳慶在美國的指導教授，剛好是做生物醫學、心臟力學的研究，「機械結合生物力學」這個全新的概念，讓他眼睛一亮，投入三十多年不可自拔。而回到台灣後，憑藉自身的經驗，他以「拓荒者」的心態，積極拓展南部學界的醫學工程教育。經過美國四年的洗禮，他在成大一直以「國際」、「全球」、「跨領域」為方向前進。

刷新成大技轉金紀錄

「只有讓不一樣背景的人一起合作，才能做到『開放式創新』，」蘇芳慶強調，二十一世紀的教學方式，必須打破「系、所」的限制。事實上，他在美國第一名的梅約醫學中心研究骨科和人工關節的經驗，也是和醫師、機械博士、生物學博士等各領域專家一起合作，吸取各方專長，並濃縮成為一個跨領域的成果，因此，回到成大教書時，他也同樣習慣找十幾個不同領域的專家，一起做創新研究。

果然，跨領域人才交流，激盪出許多提升醫療效果的火花，包含生醫產業，也因為醫學工程的介入，有了更多創新的可能。

二〇一一年，蘇芳慶在成大創辦台灣第一個前瞻醫療器材科技中心，籌組醫療器材創新聯盟，帶領醫材新創鏈結國際，讓台灣創新醫材成功南向進入東南亞市場、行銷世界；二〇一五年接掌成大研究總中心主任後，他統整研究中心旗下七十八個實驗室，屢屢刷新成大技轉金的紀錄。

二〇一七年，蘇芳慶出任科技部政務次長，同時擔任行政院生醫產業創新推動方案執行中心執行長，更是拉高視野，從政策制定的角度，發揮醫工人的影響力，持續以豐沛的各國學界人脈，接軌國際、鏈結全球。

「我們成功引導了台灣生醫新創業者，進入高度競爭的國際平台，」他舉例，長期以來台灣生醫產業大多以「藥」為主，每年政府都會組團帶藥廠到美國參加全球生技年度盛會「北美生物科技產業展」，但醫療科技產業卻幾乎掛零，但是現在，台灣參加這項展會的生技廠商變得更多元，甚至因此吸引大會注意，主動表示：「因為台灣生技產業多元靈活而且有潛力，讓『台灣生技大會』（Bio Taiwan）升級為『亞洲生技大會』（Bio Asia-Taiwan）。」

那不是一句空話。二〇一九年，台灣成功舉辦第一屆「亞洲生技大會」，並且持續至今。

意外開啟一生的醫工緣分

勇敢跨域的醫工人，意外地所在多有。

醫工學會前理事張恒雄獻身台灣醫工領域五十二年，從研究、教育到產業，每一步都是跨越不同領域。

八十一歲的他，退休前為中原醫工系講座教授，曾擔任醫工系系主任八年，桃李滿天下，被視為中華民國生醫工程界的開山元老，更是台灣獲得國際生物醫學工程聯盟（International Federation of Medical and Biological Engineering, IFMBE）「終身榮譽會員」的第一人。

但，一開始，他並不是醫工人。

張恒雄大學讀的是中原理工學院物理系，後來擔任物理系助教，之後轉到電子工程系升任講師；一九七二年，電子工程系主任黃永文接受時任院長韓偉請託，籌設成立醫學工程系，身兼黃永文行政助理的張恒雄參與醫工系籌劃，從此開啟與醫工的一生緣分。

打造具跨域能力的醫工人才

一九七〇年代的台灣，沒有任何大學設有醫工系，醫工人才與教學資源非常缺乏，韓偉安排張恒雄到韓國延世大學進修醫學工程兩年。

張恒雄回憶說，一開始他從物理系轉到電子工程系不難，因為電子學只有讓不一樣背景的人一起合作，才能做到「開放式創新」。

——蘇芳慶．成大前瞻醫療器材科技中心主任

的原理大多來自物理，要進入還算容易，「可是，轉進醫工，從頭和醫學銜接很困難，中間有滿大的鴻溝。韓國教授教我生理學，學起來實在不輕鬆，全程用英文學習更辛苦，但為了台灣的醫工教育，我只能咬著牙挺過去。」

取得學位從韓國回台後不久，張恒雄接掌中原醫工系，先擔任三年系主任，之後赴美進修一年，回國後繼續擔任系主任，又是五年。

做為台灣醫工教育的拓荒者，重重難關橫阻在張恒雄眼前。早年醫工系的研究設備和師資很少，但他深知醫工領域很廣，即便從零開始，中原醫工系也要為台灣打造具備跨域能力的醫工人才。

「我們的目標，是要培養具有醫學知識的工程師，」

張恒雄說，當年「多元」、「跨界」、「斜槓」等名詞還未流行，但在醫工教育裡已默默落實，而身為醫工教育的領導人，他跨領域的精神也毫不遜色，研究領域從電子工程到復健工程，之後再投入骨組織工程，最後更走向最尖端的奈米生物工程，一路追求創新，挑戰新領域。

一九八三年，張恒雄帶領中原醫工團隊，在電子工程領域踏出第一步。

那時，行政院有意推動台灣自行研發醫療器材，張恒雄向國科會提出「台灣區醫療器材市場調查計畫」，結果發現國內醫療院所對床邊監視器的需求迫切，隨後他便接下衛生署（衛福部前身）的委託，成功開發出第一部台灣自製的床邊監視器「華特一號」。

見證台灣醫工研發實力

華特，來自張恒雄的英文名字「WALTER」，它的誕生，象徵著台灣醫工界的研發實力，也讓當時獨占監視器市場的外國醫儀廠商大吃一驚，進而主動調降進口監視器的價格，「華特一號」後來還技轉給民間廠商。

不過，研發初期，很多人都不相信他做得出來，甚至直接對他說：「你根本不懂這方面的技術，怎麼可能做得出來！」

面對外界的質疑，張恒雄說：「沒什麼，身為領導人就要勇於接受挑戰、追求創新，不懂就帶著團隊一起弄懂。」果然，華特一號最後不但成功，更為台灣培養出許多醫工人才，國際生物醫學工程聯盟副理事長林康平，那時正是張恒雄的學生，全程見證華特一號誕生。

另外，因為具有物理背景，張恒雄早期先從事電磁場生物效應，也就是如何把電磁場應用在醫療上，與台大骨科醫師劉華昌合作研究，運用電磁場刺激來促進骨折癒合。

這次的經驗，讓他成為台灣率先以物理方式進行骨骼醫學研究的人，而那也是他第一個跨越電子與醫學領域的研究。之後，由於骨科的治療與生物力學、復健都有關係，他進一步展開多項有關復健工程的研究。

張恒雄對骨骼研究充滿探索的熱情。有鑑於受損骨骼是需要修復的組織，他因此展開骨組織工程的研究，與台大骨科醫師孫瑞昇合作，用分子生物的方式研究骨組織，再一次跨進新的領域。

「不斷跨領域做研究，為的是推動醫療器材研發更細緻，以及醫療技術的創新，」他說明自己的初衷。

從復健工程走向奈米生物工程

為了找出能促進骨頭癒合生長的材料，張恒雄開始運用分子生物分析的技巧，而為了追蹤材料進入細胞的整體過程，又進一步從分子生物進展到奈米科技。

他解釋，醫療儀器的發展是為了診斷與治療疾病，很多疾病零期甚至更早的篩檢都要依靠奈米科技，因為唯有奈米才能進入人體最細微的細胞層次，提早在細胞變化階段察覺病變，這也正是現代精準治療的關鍵。

「做為一個醫工人，當然要跟上時代，走進最尖端的領域，」張恒雄說。

二〇〇〇年左右，政府推動奈米國家型計畫，時任中原大學研發長的他非常感興趣，希望進一步投入相關研究，同時結合生醫工程，提升台灣臨床基礎研究與生技產業的發展。於是，他找來物理系、化工系、生科系的教授合作，向國科會提出「建構螢光金奈米團簇探針（簡稱螢光金團簇，FANC）技術與生醫應用平台」計畫，最後順利通過申請，獲得國科會的補助。

奈米國家型計畫是台灣科技界重量級的研究計畫，張恒雄說，那一年國科會只選出二十個奈米國家型計畫，中原大學是唯一拿到計畫的私立大學，其他十九案都來自國立大學。

張恒雄的計畫，主要是研發生物相容性較高的新穎「螢光金奈米團簇探針」，可取代傳統的半導體量子點，適用於生技產業與醫療應用。

張恒雄解釋，奈米技術是用一種會發螢光的材料「量子點」進入細胞內部，監測細胞內的反應，但「量子點」的成分是有毒重金屬「鎘」，不能用在人體，而他的團隊開發出的FANC突破此一障礙，也是全世界第一個研發出替代量子點材料的實驗室。

FANC的成功，引起醫界高度興趣，不久後馬偕醫院心臟內科醫師葉宏一與張恒雄團隊合作，運用FANC做心血管細胞的長期追蹤，沒想到，實驗過程中意外發現FANC竟然有著抗氧化與抗老化的特性，可用於皮膚保養和傷口修護等領域。

系主任變董事長

張恒雄看到了商機，決定再度跨越不同領域，為FANC申請專利，退休之後全心投入成立紅嬰生物科技公司，把FANC研發成果技轉到紅嬰生物科技公司，並把技轉和量產的獲利回饋給學校。「FANC皮膚照護技術」還獲得第十三屆「國家新創獎」的企業新創獎。

現在的張恒雄，已是新創企業、紅嬰生技董事長。他說，新創企業需要資金和行銷，經營上非常辛苦，當初很多學生都勸他不要冒險從學界轉進產業界，但他曾任中原大學的研發長，又是醫工界的前輩老師，必須以身作則，帶動醫工界的研發能量，並鼓勵更多學者帶著研發成果走出校園，追求更大的世界。

從物理學走到奈米生物工程，從學者到企業家，大半個世紀以來，張恒雄一次次跨領域的腳步，從不退卻。

「這和我的人格特質有關，」張恒雄回憶，他從小學到初中，因為成績好，當了九年的班長，無形中培養出帶領團隊的領導力，以及與人相處、溝通、協調的能力，這些都是跨領域過程中最需要的特質。

張恒雄也認為，醫工原就是一種跨越醫學與工程的專業，要與不同領域的人溝通、合作，中原醫工系的教育除了學術專業，也致力培養學生跨領域的人格特質和能力，有圓融的態度與團隊精神才能和不同領域的人合作。

「更重要的是，醫工人的初心是為了人類的健康，醫工人要有追求創新的態度，」張恒雄說，他從少年時代就喜歡嘗試各種新事物，投入學術研究之後，自然而然樂於投入陌生領域。事實上，他也常鼓勵學生走出同溫層，抱持開放的心，去探索更多新的領域，勇敢挑戰陌生的新事物，唯有不斷地創新，醫學的世界才會不斷地進步，才會造福未來更多的病人。

跨域創新需要堅持的心

「老師常說一句話，就是『先去試一試嘛！』」現任醫工學會祕書長陳美芬也曾是張恒雄的學生，她最記得，以前老師常帶著他們挑戰各種研究，有時同學們覺得「好難」、「怎麼可能做得出來」，張恒雄總是笑笑說：「不先試試怎麼知道？先試試，如果有困難，我們再來克服。」

帶著創新的想法，張恒雄持續跨界、斜槓不同領域的專業，但「跨領域不是『有興趣』就夠了，還要能堅持，遭遇困難不退縮，」他笑說：「我就是比較堅持的人，即使八十一歲了，還要繼續努力。」

花白的頭髮，掩不住張恒雄的決心，他的人生歷程展示了跨領域不僅是身分的變化，也是思維模式的突破，證明只要有心，醫工人不僅能夠做為醫學與工程的橋梁，還可以從實驗室完美過渡到市場。

跨域的火花，正在台灣強烈迸發。

在教育界，發現生物力學對臨床診治的重要性，成

> **不斷跨領域做研究，為的是推動醫療技術的創新。醫工人要跟上時代，走進最尖端的領域。**
>
> ——**張恒雄**・中原大學醫工系退休講座教授

大醫學院近年開設了醫學工程概論，把生物力學納入醫學系四年級的選修課，更有高達九成的成大醫院骨科醫師，在職進修選擇到醫工所念博士班；無獨有偶，陽明、交通大學兩校合併後，醫學系在二〇二〇年便設立了醫師組、醫師工程師組、醫師科學家組，且根據統計，一百二十位學生中，選擇兩組跨域的人數，占了三分之一。

國際上，國際生物醫學工程聯盟鼓勵醫學、生物學、工程學、資訊科技等多個領域的專家進行深度合作，例如：醫學專家提出臨床需求、生物學家貢獻生物學知識、工程師鑽研技術開發、資通訊專家提供數據分析和各種智慧化解決方案……，不僅促進知識的融和，也激發了創新的想法和技術。

讓台灣的醫工實力被世界看見

歷年來，台灣已有不少醫工人參與國際生物醫學工程聯盟，包括：自一九九九年起以台灣代表身分擔任國際組織理事會執行委員的中原醫工系講座教授張恒雄、參與臨床工作小組的張冠諒（成大醫工所故所長）、台大醫學院名譽教授王正一、二〇〇三年起以台灣代表身分參與亞太工作小組運作的高材（陽明大學醫工所前教授）、成大醫工系特聘教授陳家進、蘇芳慶、亞洲理工學院校長李百祺、台大醫工所教授王兆麟等。而這許多於國際組織服務的醫工人，也多曾經擔任過醫工學會的理事長或理事，長期參與國內與國際醫工事務。

其中，林康平更在二〇二二年六月獲選為國際生物醫學工程聯盟副理事長，預計將在二〇二五年九月接任理事長，為台灣參加國際醫工組織寫下新頁，也意味著台灣醫工人在國際組織已建立起一定地位，讓台灣在全球醫工界被看見。能有這樣的成果，與台灣醫工人在學術研究上的努力與付出不無關係。

林康平舉例提到，二〇一七年五月，醫工學會提出與衛福部食藥署共同投稿的想法，力邀台灣相關單位一同前往日內瓦，參與WHO第三屆國際醫療器材全球論壇，在當時學會理事長王兆麟帶隊下，與食藥署組長杜培文等人以「醫療器材上市後的監督管理行動」為主題共同投稿，經世界衛生大會（WHA）評審後，獲選為口頭報告形式發表。

近期的例子，則是在新冠疫情之後，二〇二二年五月，「日本臨床工學技士會總會」邀請醫工學會理事長賴健文以「從新冠肺炎的防疫經驗看臨床醫學工程在台灣的價值」為題，分享台灣防疫經驗中，醫工人扮演的角色。

顯然，在多元跨域的世界舞台上，台灣學術界、臨床醫學界的醫工人都沒有缺席，一起用專業和經驗嶄露頭角。

結語

平凡的崗位，不平凡的工作

二〇一七年六月二十三日出版的《新聞週刊》（*Newsweek*）一則有關埃及木乃伊考古的報導，引起了全球醫學工程界注意。

「古埃及：盧克索附近發現三千年前的木腳趾，是世界上最古老的義肢。」（Ancient Egypt: 3000-Year-Old Wooden Toe Discovered Near Luxor is World's Oldest Prosthetic.）

考古團隊在一具有三千年歷史的埃及木乃伊上，發現了木頭和皮革假腳趾，證明了醫學工程雖然在現在被視為一個創新領域，實則擁有悠久歷史，和人類的演化脈絡同步前進。

「直播科學」（Live Science）網站亦指出，柺杖也是一種工程輔助裝置，第一個為骨折病患設計夾板的人，也可以被認為是早期的醫學工程師。

可見，醫學工程的發展始終伴隨著人類醫學的進步，為有效協助醫師診斷、治療疾病貢獻一己之力。

非醫學人的醫學貢獻

隨著科學進步，生命的面紗逐漸被揭開，但揭密的人不一定是醫師，過程中也少不了醫學工程的力量。

台大醫院醫工部主任江鴻生便舉例，一五九〇年代，荷蘭眼鏡製造商楊森（Zacharias Janssen）藉由可伸縮的套管調整焦距，將凹透鏡與凸透鏡組合在一支木製長筒上，製作出歷史紀錄以來第一台能將樣本放大三到九倍的複式顯微鏡。本來只想拿來看小東西，沒想到十七世紀中期，英國博物學家虎克（Robert Hooke）拿去改良成更複雜的顯微鏡，觀察到一種被他命名為「細胞」的生物結構。

一八九五年，德國烏茲堡大學（University of Wüzburg）物理學教授倫琴（Wilhelm C. Röntgen）意外將他夫人的手拿去X光下照射，發現竟可照出皮膚下的骨頭，對臨床醫療帶來長遠影響，他也因此獲得史上第一個諾貝爾物理獎。

一九二〇年，專門研究電對動物生理刺激反應的美國哈佛大學生物物理學家鮑維（William T. Bovie），發明了電外科設備，成為後來「電刀」（又稱高頻電刀）的原型。

一九二六年，同樣在哈佛大學附設醫院任職的神經外科醫師庫興（Harvey Cushing），遇到一位腦中有巨大腦瘤而必須開刀切除的病人，卻因為沒有好的止血策略，手術無法進行。坐困愁城之際，庫興想到可以利用鮑維的電刀電凝止血。當年十月一日，在哈佛醫院的開刀房裡，庫興專注地為病人切除腦部腫瘤，鮑維則專心控制自己發明的電刀，兩人成功地共同完成手術，為全球神經外科手術寫下新的里程碑，也是「醫學」與「工程」一次重要的交會。

半世紀的養成

時光來到二十世紀，隨著愈來愈多人投入醫學工程領域，運用科學力量推動醫學技術的發展與健康的促進，從學術界、產業界到醫療機構等場域，醫工人依然默默支持著醫療技術往前邁進。

如此重要的一群人，在台灣，來自於長達半世紀的用心培養。

有「台灣醫學工程之父」稱號的韓偉於一九七〇年返台，擔任中原理工學院院長，兩年後創立了台灣第一個醫工系，推動臨床醫學與工程科技的結合；一九七五年，他受聘擔任當時的陽明醫學院首任院長，促成在陽明成立國內第一所醫學工程研究所，將「醫工」由大學基礎教育提升至研究發展、技術創新的層次。至今，台灣已經有二十多所大專院校設立了生物醫學工程的大學、碩士、博士班。

為了推廣醫學及生物工程技術，韓偉又在一九八〇年發起創立「中華民國醫學工程學會」，也是如今眾人熟知的「中華民國生物醫學工程學會」，讓醫工相關領域人才有共同討論、交流的平台，也為台灣醫工人才培育邁出一大步。不僅如此，醫工學會成立後便積極參與國際醫工組織，在一九八六年成功以非政府組織註冊加入世衛認證的國際生物醫學工程聯盟。

千禧年之後，為了提升醫療品質與病人安全，醫工學會自二〇〇一年開始，便針對醫療院所醫工人員與醫療器材產業人員，推行專業認證制度，並依工作場域與專業領域，訂定三種不同專業人員的資格認證，每年定期辦理考試，通過者才能獲頒證書；而持有證書者需持續參與課程並累計至要求的學分，才能換證維持證書的有效性。「醫工學會的認證制度，其實是一種持續學習的概念，」國際生物醫學工程聯盟副理事長林康平說明。

開啟立法之路

這份證書是目前國內醫工人才專業的唯一認證機制。但令人難以想像的是，即使醫工師的重要性與日俱增，在國家級的專業認證中，他們卻連入場考試的資格都無法獲得。

「醫院很重視設備，卻不太重視維護設備的人」是許多醫工人的感慨。

二〇一〇年，醫工學會開始推動《醫學工程師法》的立法與國考證照，因為當專業服務於法有據，醫院裡的醫工師才能獲得保障，更有助於發揮其專業角色與獨立功能，最終達到醫療的最高效益。

從此，便是一場艱難的立法院征戰。

二〇一二年，立法委員提出《醫學工程師法》草案並進行一讀，但是因為相關醫事團體意見分歧，無法在會期內完成立法。

二〇二一年，曾有醫工出身的立委提出新版本的《醫學工程師法》，並在當年十一月通過立法院一讀，這對支持《醫學工程師法》立法與國家考試證照的醫工界，猶如一劑強心針。

眾多醫學界及醫工界大老推出一支YouTube影片，高喊「醫工專業、精準醫療」，希望促成三讀通過，為臨床的「醫工師」正名。

可惜，又是因為正反意見不一，原先期待在接下來的會期完成二讀的計畫，仍無共識，一切回到原點。

二〇二四年，立委再度提出《醫學工程師法》草案，並通過立法院一讀，但仍需要相關醫事團體的支持。

「醫療器材的整個生命週期都需要管理，從設計開始，製造商便要落實品質系統與風險管理，直到上市後都仍負有持續監督的責任。但是，當產品進入醫院，如果院內沒有國家考試認證的『醫工師』，等於這些儀器設備真正要用在病人身上時，反倒沒有專人管理，」林康平點出現實的矛盾。

失落的拼圖

臨床醫療情境千變萬化，除了人為操作，還涉及各種水、電、氣體、管路、耗材的配合，加上智慧醫療時代到來，醫療資訊的整合更加複雜，且每個醫院的環境設施條件有別，不同技術原理的醫療器材所面對的使用風險也不一樣，「『醫療設備的複雜』與『醫院場域的複雜』加乘，複雜性倍增，醫院怎麼可以沒有專業人員來管理醫療器材？」醫工學會理事長賴健文提出深切一問。

「《醫學工程師法》就是對這個專業的需求與肯定，」台大醫工所教授黃義侑指出，有些反對將醫工師納入醫事人員的聲音認為，「師」的服務對象都是病人，像是醫師、中醫師、牙醫師、護理師、物理治療師、營養師……，「但這都是以前的舊觀念了！」他舉例，藥師只管藥，並不「直接」服務病人，在工作定義上，跟負責管理醫療器材設備的醫工師其實非常類似，通過《醫學工程師法》，是對整個專業的肯定。

「醫院內的醫工師，是台灣醫療失落的一塊！」林康平多年來積極投入醫工專業的發展，眼見Y2K、九二一大地震、SARS、新冠肺炎等重大醫療事件中，醫工師貢獻巨大，但這個角色卻長期被忽略，《醫學工程師法》也卡關多時，他的感觸特別深刻。

這種感慨，從數字更能看出背後的無奈。

醫工師應該被視為國家重要資產

根據全球資料庫網站「Numbeo」二〇二四年公布的「醫療照護指數」

排行榜，台灣以八十六分蟬聯世界第一；在美國《新聞週刊》與全球數據公司「Statista」合作的「全球最佳醫院」排名中，二〇二四年台灣有三十五家醫院上榜。

台灣可以創造世界頂級的醫療水準，除了醫師的努力之外，醫院經營者掌握全球脈動，引進最新、最好的器材，同樣功不可沒。但林康平也直言：「這些醫儀設備如何能妥善地準備好，讓醫師展現超高技術？靠的是每一位醫工師。」

「醫工師應該被視為國家的重要資產，」張恒雄認為，二十一世紀的醫療觀念已經從傳統的疾病診治，提升到精準醫療及智慧醫療，不能再以二十世紀的思維，讓沒有醫工專業的一般技術人員面對日新月異的醫療器材。

賴健文則援引國際趨勢指出，世界先進國家基於醫療作業臨床設備操作、維護需求，早已紛紛立法或建立相關證照制度，以確保醫工師的服務品質。例如，美國在一九七二年通過臨床工程師證照制度，日本則是在一九八七年完成臨床工程師立法，要求醫院必須配置臨床工程師才能執行特定醫療業務。

反觀台灣，醫療院所沒有相關規定，一般工程人員也可以從事醫儀設備的維修保養，甚至是由總務、工務人員負責，影響所及便是人才的流失。

「我們培養出全方位的人才，結果都被挖走了，」林康平指出，曾經有位醫院的醫工部門主管，做了十五、六年，結果被半導體廠用兩倍薪水挖走，經驗無法傳承，對那家醫院也宛如晴天霹靂，「之所以會出現人才流失，就是因為醫工人才的價值長期未能被醫院重視。」

以中原醫工系為例，五十多年來培養五千三百位人才，但根據系上統計，真正留在醫工產業的卻不到一半。

人才流失之後，連帶產生的影響是，醫儀設備的維修保養、採購乃至於操作，甚至包含病人安全與治療效果，都受到挑戰。

「前幾年接連有幾家醫院發生洗腎機管路誤接，例如：洗腎機RO逆滲透水與自來水管線接錯頭，或是藥水誤裝等疏失，如果能有專門的醫工師負責督導，或許就可以避免這類情況發生，」林康平引用媒體報導點出醫院缺少醫工師可能面臨的風險。

醫療體系的淨零壓力

希望讓國家考試納入醫工師，擁有專業證照，其實還有另一層考量，就是為了跟上國際趨勢，譬如因應正夯的淨零碳排議題。

二〇二一年的全球氣候變遷大會，首次以國家為單位，提出針對醫療體系的永續承諾，其中有十四個國家設定，要在二〇五〇年前達成醫療體系淨零排放的目標，台灣也宣示加入。

台灣醫院的能源消耗，在全國非生產性能源大用戶中占一六・七六%，高居各行業第一。面對二〇五〇年，台灣醫療院所必須挑戰幾大目標，例如：八五％醫院要成為近零碳建築、醫院救護車等交通工具全面電動化、醫院全面實施綠色採購……

因此，未來若要在醫療服務和環境永續之間找到平衡點，醫工師還需要考慮如何在設計和運行醫療設備時減少能耗，降低對環境的負面影響，甚至是在採購時便符合綠色採購的要求。「這也是醫工學會致力提升醫工師資格的一大原因，」賴健文語重心長地說：「我們希望讓國家考試納入醫工師，讓他們擁有專業證照，確保醫院裡的醫工師在設計、管理及運行醫療設備時，都具備必要的環境保護知識和技能。」

跨界學習，迎接智慧醫療浪潮

面對可能帶來產業變革的人工智慧浪潮，醫工人也積極因應，希望提前做好準備。台灣向來以優秀的醫療表現為傲，現任總統賴清德在二〇二三年的「國家希望工程國政願景」發表會上也指出，未來將打造「健康台灣」，讓醫療與台灣的資通訊產業結合，使健康產業成為第二座「護國神山」，讓國人健康、讓國家更強、讓世界擁抱台灣。

「要實現這個願景，應用的場域，也就是整個醫療體系，必須預先做好準備，」賴健文點出，「尖端技術研究與產業醫工人，更在其中扮演關鍵角色。」

這樣的角色，意味著未來醫工師的任務將持續變化，除了現在進行中的智慧醫儀連線應用，還有因為醫療器材連線衍生出的資安防護問題，以及目前最夯且即將面臨的人工智慧與ＥＳＧ的共通性議題，都需要夠專業、有熱忱的醫工師投入其中。

「人工智慧已經開始改寫我們的生活，未來醫療勢必走向精準健康、數位健康，其中牽涉到人工智慧的應用，但前提是醫療器材必須精準蒐集資訊，醫師才能獲得精準的資料，做出精準的治療，」正因如此，林康平強調：「誰能夠確保醫儀設備的精準？只有醫工師可以做到。」

「『醫學工程』這個領域的特色，就是必須不斷跨界學習，對不同領域的知識都要有一些了解，再從中歸納出自己的邏輯，這也是大學、研究所乃至產業界，一路以來的訓練方式，」賴健文補充，「對智慧浪潮或下一代的技術挑戰，只要醫工人維持一貫的模式——不斷學習、精進自我，就能在複雜多變的環境中，扮演推動醫療技術進步與創新的強力後盾。」

薪火相傳、向前行

「還是有醫工人能力難及的地方，」賴健文說：「醫工人可以透過學習因應實務面的挑戰，卻無法改變制度面的問題，諸如提升醫院內醫工師的地位、強化醫療體系對醫工師的重視，進而優化病人安全與醫療品質，終究還是要靠立法才能做到。」

即使前方現實的壓力重重，醫工學會沒有放棄，推動立法的同時，也靠著自己，加大投入對現有醫工師的培育。

像是醫工學會推出人才培育的十年計畫，號召資深醫工師擔任種子教官，全省走透透，舉辦小型研討會，直接把醫儀設備搬到現場，手把手，一步一步實際教學。這是一種經驗傳承，老前輩當老師分享經驗，新手就有信心；這些辛勤認真的醫工師經過扎實的在職教育訓練，就能成為基層醫療有專精、有經驗、有技術的關鍵力量。

未來的醫工師不僅要專注於儀器設備的全生命週期，提升治療的技術與效果，還需要考慮醫療體系的永續承諾，這也是醫工學會致力提升醫工師資格的一大原因。

當醫工師的專業受到認同，在平等、互信的基礎上，與醫療團隊的合作會更緊密，整體醫療服務會更優化，共同解決臨床問題，進而提升醫療品質並保障病人安全。

財經企管 BCB856

守護生命的關鍵力量
醫療幕後英雄醫工師

作者 ── 朱乙真・黃筱珮・邵冰如

企劃出版部總編輯 ── 李桂芬
主編 ── 羅玳珊
責任編輯 ── 羅玳珊・李宜芬（特約）
封面暨內頁設計 ── 鄒佳幗
封面插畫 ── 張睿洋（特約）
美術指導 ── 張議文
校對 ── 魏秋綢（特約）

出版者 ── 遠見天下文化出版股份有限公司
創辦人 ── 高希均、王力行
遠見 ・ 天下文化 事業群榮譽董事長 ── 高希均
遠見 ・ 天下文化 事業群董事長 ── 王力行
天下文化社長 ── 王力行
天下文化總經理 ── 鄧瑋羚
國際事務開發部兼版權中心總監 ── 潘欣
法律顧問 ── 理律法律事務所陳長文律師
著作權顧問 ── 魏啟翔律師
社址 ── 臺北市 104 松江路 93 巷 1 號
讀者服務專線 ── 02-2662-0012 | 傳真 ── 02-2662-0007；2662-0009
電子郵件信箱 ── cwpc@cwgv.com.tw
直接郵撥帳號 ── 1326703-6 號　遠見天下文化出版股份有限公司

內文排版 ── 立全電腦印前排版有限公司
製版廠 ── 中原造像股份有限公司
印刷廠 ── 中原造像股份有限公司
裝訂廠 ── 中原造像股份有限公司
登記證 ── 局版台業字第 2517 號
出版日期 ── 2024 年 9 月 27 日　第一版第 1 次印行

定價 ── 480 元
ISBN ── 978-626-355-937-0 | EISBN ── 9786263559349 (EPUB)；9786263559325 (PDF)
書號 ── BCB856
天下文化官網 ── bookzone.cwgv.com.tw

國家圖書館出版品預行編目(CIP)資料

守護生命的關鍵力量：醫療幕後英雄醫工師/朱乙真, 黃筱珮, 邵冰如作. -- 第一版. -- 臺北市：遠見天下文化出版股份有限公司, 2024.09
288面；14.8×21公分. --（財經企管；BCB856）

ISBN 978-626-355-937-0(平裝)

1.CST: 醫院衛材管理 2.CST: 醫療用品 3.CST: 機器維修

487.1　113013200

天下文化

BELIEVE IN READING